BIM CAD/Revit土木与建筑类计算机绘图教程

主　编　邓新农

参　编　谢昭旭　李枳彬　刘　飞

　　　　胡建平　郝美英　宋劲军

　　　　关杰峰　陈国志　梁嘉文

　　　　王烘艳

主　审　付庆良

U0347294

北京理工大学出版社
BEIJING INSTITUTE OF TECHNOLOGY PRESS

内 容 提 要

　　本书共分为9章，其中前3章介绍了传统AutoCAD软件在建筑工程制图中的使用技巧和方法，后6章重点对BIM技术的Revit实际案例应用进行分析，深入浅出，有利于学习者将三维信息模型技术融会贯通。全书的主要内容包括AutoCAD绘图准备、AutoCAD绘图操作、建筑施工图的绘制、Revit概述、Revit案例一、Revit案例二、Revit案例三、Revit案例四、Revit案例训练等。

　　本书可作为高等院校土木工程、工程管理、建筑学及其他建筑类专业的教材，也可供土木工程设计、施工、监理等工程技术人员学习和参考。

图书在版编目（CIP）数据

BIM CAD/Revit土木与建筑类计算机绘图教程／邓新农主编.—北京：北京理工大学出版社，2020.5（2020.7重印）

ISBN 978-7-5682-8495-0

Ⅰ.①B…　Ⅱ.①邓…　Ⅲ.①土木工程－建筑制图－计算机制图－应用软件－教材　Ⅳ.①TU204-39

中国版本图书馆CIP数据核字（2020）第089939号

出版发行／北京理工大学出版社有限责任公司
社　　址／北京市海淀区中关村南大街5号
邮　　编／100081
电　　话／（010）68914775（总编室）
　　　　　（010）82562903（教材售后服务热线）
　　　　　（010）68948351（其他图书服务热线）
网　　址／http：//www.bitpress.com.cn
经　　销／全国各地新华书店
印　　刷／天津久佳雅创印刷有限公司
开　　本／787毫米×1092毫米　1/16
印　　张／14.5　　　　　　　　　　　　　　　　责任编辑／钟　博
字　　数／319千字　　　　　　　　　　　　　　文案编辑／钟　博
版　　次／2020年5月第1版　2020年7月第2次印刷　责任校对／周瑞红
定　　价／45.00元　　　　　　　　　　　　　　责任印制／边心超

前言
::Preface

随着计算机技术的发展，计算机软件在工程设计和施工领域的应用越来越广泛。AutoCAD 是美国 Autodesk 公司开发的通用计算机辅助设计软件，是建筑工程设计领域最流行的计算机辅助设计软件，具有功能强大、操作简单、易于掌握、体系结构开放等优点，使用它可极大地提高绘图效率、缩短设计周期、提高图纸的质量。熟练使用 AutoCAD 软件进行绘图已成为建筑设计人员必备的职业技能。

由于现代建筑造型和结构的日趋复杂、建筑体量的快速放大，以及建筑物联网大数据时代的需求，基于传统 AutoCAD 制图的设计方式显然已不能适应当前建筑行业的发展，因此建筑信息模型（BIM）技术应运而生。虽然 AutoCAD 软件也具备一定的三维建模的功能，但其模型不具备属性和相关参数，而 Revit 软件则具备信息化的建模功能，二维时代过渡到三维信息时代成为必然的趋势。

Revit 软件是 Autodesk 公司 BIM 技术系列软件的全新升级产品，旨在增进 BIM 流程在建筑行业中的应用。Revit 软件是专为 BIM 构建的，也是目前进行 BIM 设计的主流软件，BIM 技术被称为工程建筑行业的第二次技术革命。

Revit 软件提供了支持建筑设计、结构工程和 MEP 工程设计等全面的工具。Revit 软件可以按照建筑师的思考方式进行设计，因此，可以为建筑设计和建造者提供更加精确、质量更高的建筑设计和建造可能。通过使用专为支持 BIM 工作流而构建的工具，Revit 软件可帮助用户捕捉和分析概念，以及保持从设计到建造的各个阶段的一致性。

作为长年从事高等教育的一线教育工作者，本书的编者经过两年多的精心准备，将 AutoCAD 与 Revit 高度有效结合起来，编写完成本书。本书在编写过程中主要突出以下特点：

本书注重学习者专业技能的快速成长，依托具体的经典案例将有关的专业课程知识逐层展开。Revit 软件内容庞杂，要尽可能突出重点，以使学习者掌握绘制建筑工程制图的方法和技巧。在案例选用上，本书通过由简单到复杂的工程实际案例的讲解，使学习者与未来的工作实际紧密结合。本书还结合部分 BIM 考证案例，为学习者的 BIM 考证需求提供一定的帮助；同时，针对目前青年学习者学习的特点，本书排版上突破了传统的表达形式，力求做到简单、直观、生动，步骤清晰明快，特别符合青年学习者快速学习的习惯和需要。

本书由邓新农担任主编，谢昭旭、李枳彬、刘飞、胡建平、郝美英、宋劲军、关杰峰、陈国志、梁嘉文、王烘艳参与了本书部分章节的编写工作。全书由付庆良主审。本书配套教学资源包含项目文件、样板文件、族文件、AutoCAD 图纸文件等，读者可通过访问链 接：https://pan.baidu.com/s/19MmKnvQvUP5DErxxkown1w （提取码：uev0），或扫描右侧的二维码进行下载。

由于我们是国内建筑制图教程由二维升级三维的首批探索者，同时编写时间及编者水平有限，本书虽经反复斟酌修改，仍难免有不足之处，敬请广大读者谅解并指正，以期再版时修订。

编　者

目录

Contents :::·

CHAPTER

01

第 1 章

AutoCAD 绘图准备

1.1 基础概述

计算机辅助设计（Computer Aided Design，CAD）是指利用计算机及其图形设备帮助设计人员进行设计工作，其中以 AutoCAD 最具代表性。

AutoCAD 是美国 Autodesk 公司开发的一款交互式绘图软件，主要用于二维绘图设计。自 1982 年推出 1.0 版本以来，它已经经历了 28 个版本的升级，广泛运用于工程设计、机械和电子等诸多领域。它易学易用，并具有开放式的开发定制功能，受到世界各地工程设计人员的青睐。

由于 AutoCAD 每年都对版本有所修改，初学者在选择软件版本时颇感困惑。但对于学生和工程人员而言，熟练掌握任何一个版本，都能迅速适应另一个版本。因此，本书所阐述的内容虽然基于 AutoCAD 2017 中文版，但也可以满足使用其他版本的用户的要求。

同传统的手工绘图相比，AutoCAD 绘图快速、高效及直观且具有准确的精度，已经成为建筑行业必备的一款实用软件。

1.2 用户界面

本书通过 AutoCAD 2017 经典界面对部分命令进行讲解。

打开 AutoCAD 2017 软件，在操作界面右下方单击"切换工作空间"按钮 ⚙ ▾，选择 AutoCAD 经典界面，如图 1-1 所示。

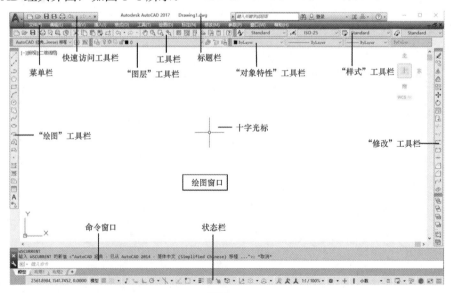

图 1-1

1.3 绘图环境的基本设置

1.3.1 系统参数设置

单击应用程序菜单栏，单击"选项"按钮，系统弹出"选项"对话框，在"选项"对话框中可以设置系统相关参数，如选择"显示"选项卡，其界面如图 1-2 所示。

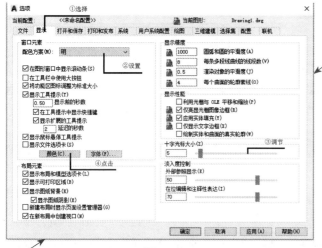

选择"显示"选项卡，可设置配色方案，调节十字光标大小，设置绘图区背景颜色。

图 1-2

选择"显示"选项卡，可对窗口元素、显示精度与性能、布局元素及十字光标大小等作出调整。
选择"打开和保存"选项卡，可设置文件打开与保存的位置。
选择"系统"选项卡，可对系统相关参数进行设置。
选择"用户系统配置"选项卡，可优化 AutoCAD 的工作方式。
选择"绘图"选项卡，可设置对象自动捕捉、自动追踪等功能。

1.3.2 绘图单位设置

在命令窗口输入"UNITS"命令（快捷键：UN）或选择菜单栏中的"格式"选项，选择"单位"命令，系统弹出"图形单位"对话框，可对项目长度及角度的单位类型及精度进行调整，如图 1-3 所示。

图 1-3

1.3.3 草图设置

在状态栏中选择"捕捉模式"选项，调出"捕捉设置"命令，也可通过按住 Shift 键不放并单击鼠标右键，在弹出的快捷菜单中选择"对象捕捉设置"命令，系统弹出"草图设置"对话框，如图 1-4 所示。

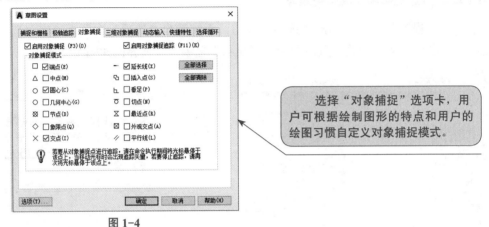

选择"对象捕捉"选项卡，用户可根据绘制图形的特点和用户的绘图习惯自定义对象捕捉模式。

图 1-4

1.3.4 图层管理

在利用 AutoCAD 绘图之前，需要创建该图形所需要的各个图层，并对各图层的颜色、线型、线宽等按相关国家标准进行设置。

将鼠标移动至图层工具栏，单击"图层特性管理器"按钮，系统弹出"图层特性管理器"对话框，如图 1-5 所示。

（1）创建一个新的图层，并对其进行相应命名，如墙体边线可命名为"墙"。
（2）可设置图层的锁定与解锁，被锁定的图层上的所有图形无法进行修改或编辑。
（3）通过修改图层颜色可以设置该图层图形的颜色。
（4）按照相关国家标准设置该图层线型及线宽，以符合制图标准的要求。

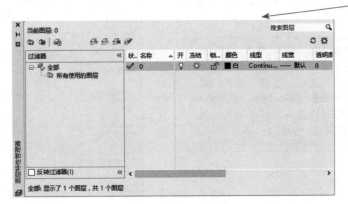

图 1-5

1.3.5　文字及标注样式

1. 文字样式

在"格式"菜单中选择"文字样式"命令，或在命令行中输入快捷键"ST"，系统弹出"文字样式"对话框，如图 1-6 所示。

通过选择字体名修改字体，详细样式可在左下角的预览框中进行预览。

通过字体样式的选择、高度及宽度因子等参数的设置对文字样式进行相应调整。

图 1-6

2. 标注样式

AutoCAD 提供了十余种标注工具以标注图形对象，使用它们可以进行角度、直径、半径、线性、对齐、连续、圆心及基线标注。

通过在命令行中输入快捷键"D"，系统弹出"标注样式管理器"对话框，在对话框中单击"新建"按钮新建标注样式，或单击"修改"按钮修改当前标注样式，可以得到绘图所需的标注样式，如图 1-7 所示。

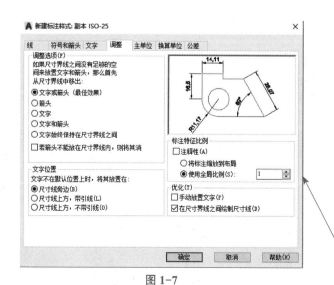

（1）在"线"选项卡中可以设置尺寸线、尺寸界线的颜色、线型线宽等，通常把"起点偏移量"由 0.625 改为 10 或其他数值。

（2）在"符号和箭头"选项卡中可以设置箭头、圆心标记、弧长符号和折弯半径标注的格式和位置，通常把"实心闭合"箭头改为"倾斜"。

（3）在"文字"选项卡中可以设置标注文字的样式、颜色、高度、位置和对齐方式等。

（4）在"调整"选项卡中可以设置标注文字的尺寸线、尺寸箭头的位置，常把"使用全局比例"选项由"1"改为 50 或 100 等倍数值。

（5）在"主单位"选项卡中可以设置主单位的格式与精度等属性，通常把默认精度由"0.00"改为"0"。

图 1-7

CHAPTER

02

第 2 章

:·: AutoCAD 绘图操作 :·:

2.1 基本操作

鼠标的操作在使用 AutoCAD 绘图时是很频繁的，在绘图窗口，光标通常显示为十字线形式。当光标移至菜单选项、工具栏或对话框内时，光标自动调整为箭头形式显示。无论光标是十字线形式还是箭头形式，当按下鼠标键时，都会执行相应的命令或动作。

按下鼠标滚轮可移动图形对象，滚动滚轮可放大或缩小图形对象显示，按下鼠标左键可点选目标对象，按下鼠标右键可弹出快捷菜单，按键盘上的回车键执行命令操作，按 Esc 键是中止命令操作。

2.2 快捷键一览

在命令行中可输入表 2-1～表 2-3 中的任一快捷键，从而实现绘图或修图等操作。

表 2-1　辅助功能

快捷键	作用	快捷键	作用
F1	获取帮助	F7	控制栅格显示模式
F2	实现作图窗口和文本窗口的切换	F8	控制正交模式
F3	控制是否实现对象自动捕捉	F9	控制栅格捕捉模式
F4	控制数字化仪	F10	控制极轴模式
F5	切换等轴测平面	F11	控制对象追踪式
F6	控制状态行上坐标的显示方式	F12	切换大小屏显示

表 2-2　绘图命令

快捷键	图标	绘图命令	作用
L		直线	创建直线段
PL		多段线	创建二维多段线
XL		射线	创建开始于一点并无限延伸的一条线
ML		多线	创建由多条平行线组成的组合对象，平行线的间距和数目可以调整

快捷键	图标	绘图命令	作用
REC		矩形	创建矩形多段线
POL		正多边形	创建等边闭合多段线
C		圆	用圆心和半径创建圆
A		圆弧	用三点创建圆弧
EL		椭圆	通过圆心/轴、端点/椭圆弧创建椭圆
REG		面域	将包含封闭区域的对象转换为面域对象
MT		多行文本	创建多行文字对象
B		块定义	从选定对象创建块定义
I		插入块	将块或图形插入当前图形中
DIV		定数等分	沿对象的长度或周长按指定间隔创建点对象或块
H		填充	使用填充图案或填充封闭区域或选定对象进行填充
TABLE		表格	创建空的表格对象

表 2-3　修改命令

快捷键	图标	绘图命令	作用
M		移动	将对象在指定方向上移动指定距离
RO		旋转	绕基点旋转对象
TR		修剪	修剪对象以适合其他对象的边
CO		复制	将对象复制到指定方向上的指定距离处
MI		镜像	创建指定对象的镜像副本
CHA		倒角	给对象加倒角
F		倒圆角	给对象加倒圆角

续表

快捷键	图标	绘图命令	作用
S		拉伸	通过窗选或多边形框选的方式拉伸对象
AR		阵列	按任意行、列和层级组合分布对象副本
EX		延伸	延伸对象以适合其他对象的边
D		删除	从图形删除对象
X		分解	将复合对象分解为其部件对象
O		偏移	创建同心圆、平行线和等距曲线
AL		对齐	在二维和三维空间中将对象与其他对象对齐
J		合并	合并相似对象以形成一个完整的对象
SC		比例缩放	放大或缩小选定对象，缩放后对象的比例不变

2.3 绘图操作

2.3.1 标题栏绘制

标题栏绘制共分 5 个步骤完成，其中主要绘图操作有：设置图层、直线（L）、矩形（REC）、偏移（O）、修剪（TR）、文字样式（ST）、文字（T），如图 2-1 所示。

> （1）新建图层 1（0.15 mm 红色细线）、图层 2（0.3 mm 红色细线）；
> （2）选中图层 1 并通过直线命令（L）绘制标题栏外边框；
> （3）通过偏移命令（O）形成标题栏内部直线，并将图层改为图层 2，如图 2-2（a）所示；
> （4）使用修剪命令（TR）修剪直线，如图 2-2（b）所示；
> （5）选择"格式"菜单里的"文字样式"命令创建文字样式，用"多行文字"命令编辑文字，如图 2-2（c）所示。

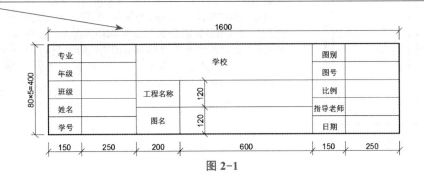

图 2-1

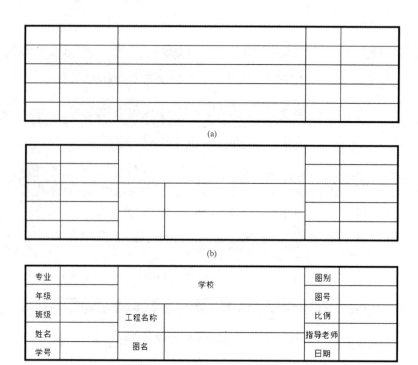

(a)

(b)

专业		学校		图别	
年级				图号	
班级		工程名称		比例	
姓名				指导老师	
学号		图名		日期	

图名 appears in 工程名称/图名 cell structure.

(c)

图 2-2

2.3.2 浴缸绘制

浴缸绘制共分 6 个步骤完成，其中主要的绘图操作有：矩形（REC）、偏移（O）、拉伸（S）、圆角（F）、圆（C）、移动（M），如图 2-3 所示。

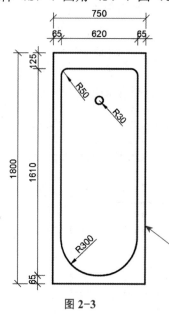

图 2-3

（1）通过矩形命令（REC）绘制 750 mm×1 800 mm 的矩形，如图 2-4（a）所示；

（2）使用偏移命令（O）将矩形向内偏移 65 mm，生成内部小矩形，如图 2-4（a）所示；

（3）通过拉伸命令（S）将小矩形的上部分边向下拉伸 60 mm，如图 2-4（b）所示；

（4）通过圆角命令（F）将小矩形的下边角倒成半径为 300 mm 的圆角，如图 2-4（b）所示，将小矩形的上部分直角倒成半径为 50 mm 的圆角，如图 2-4（c）所示；

（5）通过圆形命令（C），以小矩形上部边中点（捕捉）为圆心绘制半径为 30 mm 的圆，如图 2-4（c）所示；

（6）通过移动命令（M）将小圆向下正交移动 200 mm，如图 2-4（d）所示。

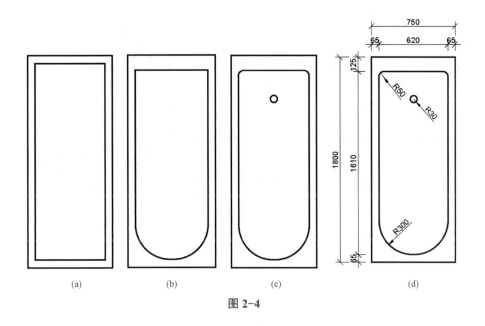

图 2-4

2.3.3　篮球场绘制

篮球场绘制共分 6 个步骤完成，其中主要的绘图操作有：多段线（PL）、直线（L）、圆形（C）、圆弧（A）、镜像（MI），如图 2-5 所示。

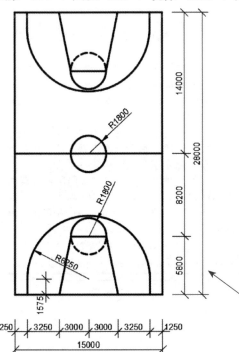

图 2-5

（1）用多段线命令（PL）绘制 15 000 mm× 28 000 mm 的篮球场矩形外框，如图 2-6（a）所示；

（2）使用直线命令（L），设置捕捉"中点"，绘制篮球场中线；用圆形命令（C）绘制半场圆（半径为 $R = 1\,800$ mm），如图 2-6（b）所示；

（3）通过直线命令（L）绘制半场禁区线，用圆弧命令（A）绘制罚球线处半圆形（半径为 $R = 1\,800$ mm），更改下半圆线型为虚线，如图 2-6（b）所示；

（4）用直线命令（L）绘制三分线两端，用圆弧命令（A）绘制半场三分线，如图 2-6（c）所示；

（5）通过镜像命令（MI）绘制另一半篮球场，如图 2-6（d）所示；

（6）对绘制完成的篮球场进行尺寸标注，如图 2-6（d）所示。

第1章　第2章　第3章　第4章　第5章　第6章　第7章　第8章　第9章

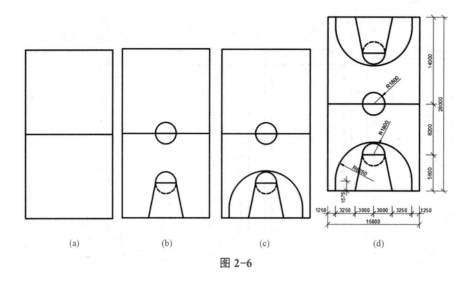

(a)   (b)   (c)   (d)

图 2-6

2.3.4　装饰门绘制

  装饰门绘制共分 7 个步骤完成，其中主要的绘图操作有：矩形（REC）、偏移（O）、修剪（TR）、镜像（MI）、成组（G），如图 2-7 所示。

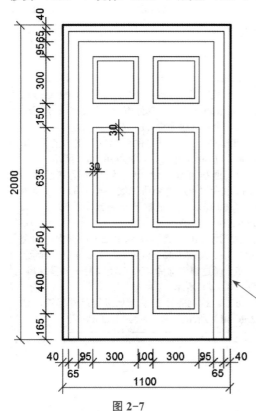

图 2-7

  （1）通过矩形命令（REC）绘制门框外边线；

  （2）通过偏移命令（O）将门框外边线分别向内偏移 40 mm 和 65 mm，如图 2-8（a）所示；

  （3）使用修剪命令（TR）修剪门扇底部线，如图 2-8（b）所示；

  （4）绘制辅助线定位门扇内部轮廓，通过矩形命令（REC）绘制门扇内部左侧轮廓，如图 2-8（c）所示；

  （5）通过偏移命令（O）将门扇内部轮廓向内偏移 30 mm，如图 2-8（d）所示；

  （6）通过镜像命令（MI）将门扇内部绘制好的轮廓镜像到右侧，如图 2-8（e）所示；

  （7）通过成组命令（G）将门及相关参数成组并进行尺寸标注，如图 2-8（f）所示。

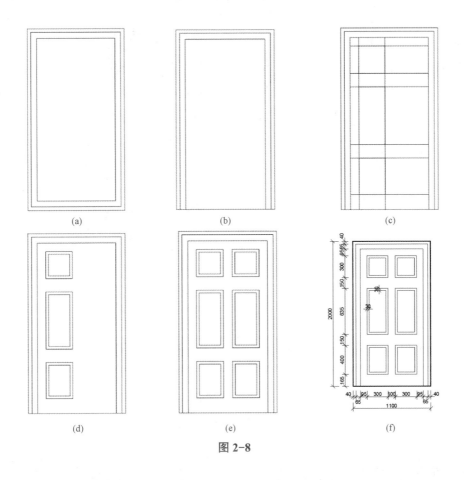

(a)　　　　　　　　　　(b)　　　　　　　　　　(c)

(d)　　　　　　　　　　(e)　　　　　　　　　　(f)

图 2-8

2.3.5 圆亮子窗绘制

圆亮子窗绘制共分 6 个步骤完成，其中主要的绘图操作有：矩形（REC）、直线（L）、偏移（O）、圆弧（A）、定数等分（DIV）、修剪（TR），如图 2-9 所示。

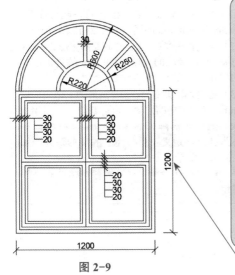

图 2-9

（1）通过矩形命令（REC）绘制 1 200 mm×1 200 mm 的矩形轮廓，通过偏移命令（O）向内依次偏移 30 mm、20 mm 绘制窗框，如图 2-10（a）所示；

（2）使用矩形命令（REC）和直线命令（L），绘制窗扇轮廓，通过偏移命令（O）向内依次偏移 30 mm、20 mm 绘制窗扇，如图 2-10（b）所示；

（3）使用圆弧命令（A）绘制 $R=600$ mm 的弧形轮廓，通过偏移命令（O）向内依次偏移 30 mm、20 mm 绘制装饰圆头部分窗框，如图 2-10（c）所示；

（4）使用圆弧命令（A）绘制装饰圆弧，并将圆弧向外偏移 30 mm，如图 2-10（d）所示；

（5）通过定数等分命令（DIV）四等分圆弧，使用直线命令（L）绘制放射形装饰线，并偏移 30 mm，如图 2-10（d）所示；

（6）通过修剪命令（TR）剪切多余线段，如图 2-10（e）所示。

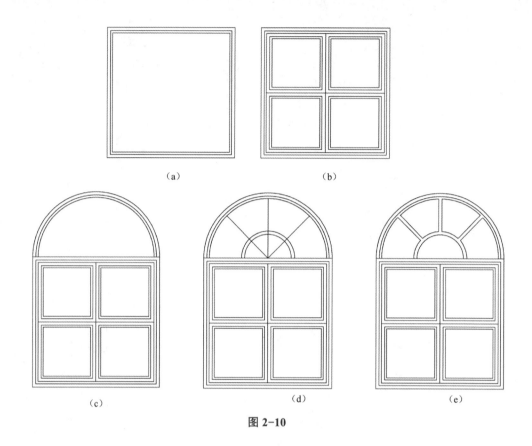

（a） （b）

（c） （d） （e）

图 2-10

2.3.6 多人餐桌绘制

　　多人餐桌绘制共分 5 步完成，其中主要的绘图操作有：圆（C）、直线（L）、偏移（O）、成组（G）、环形阵列（AR），如图 2-11 所示。

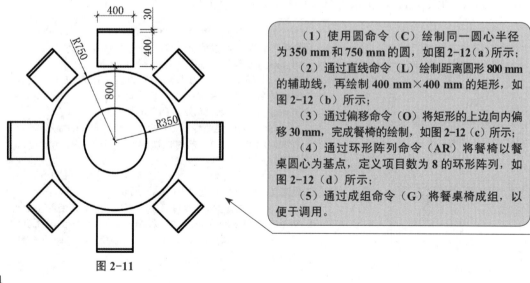

　　（1）使用圆命令（C）绘制同一圆心半径为 350 mm 和 750 mm 的圆，如图 2-12（a）所示；

　　（2）通过直线命令（L）绘制距离圆形 800 mm 的辅助线，再绘制 400 mm×400 mm 的矩形，如图 2-12（b）所示；

　　（3）通过偏移命令（O）将矩形的上边向内偏移 30 mm，完成餐椅的绘制，如图 2-12（c）所示；

　　（4）通过环形阵列命令（AR）将餐椅以餐桌圆心为基点，定义项目数为 8 的环形阵列，如图 2-12（d）所示；

　　（5）通过成组命令（G）将餐桌椅成组，以便于调用。

图 2-11

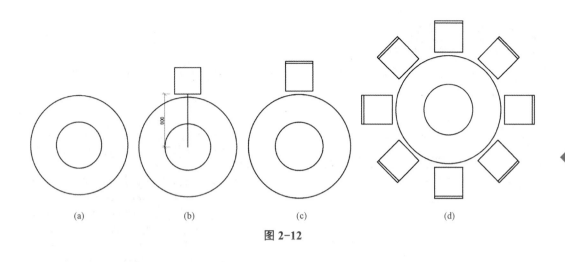

图 2-12

2.3.7 标高绘制

标高绘制共分 7 个步骤完成，其中主要的绘图操作有：草图设置（DS）、直线命令（L）、偏移命令（O）、镜像命令（MI）、块（B），如图 2-13 和图 2-14 所示。

图 2-13

（1）通过"捕捉设置"命令（DS）打开"草图设置"对话框，如图 2-13 所示；

（2）勾选"极轴追踪"选项卡下的"启用极轴追踪"复选框，并将增量角设置为 45°，如图 2-13 所示；

（3）使用直线命令（L）绘制 1500 mm 长的直线，如图 2-15（a）所示；

（4）通过偏移命令（O）将直线向下偏移 300 mm，如图 2-15（a）所示；

（5）使用直线命令（L）绘制倾斜 45° 的直线，如图 2-15（a）所示；

（6）使用镜像命令（MI）将斜直线镜像，如图 2-15（b）所示；

（7）将下部直线适当缩短，如图 2-15（c）所示。

图 2-14

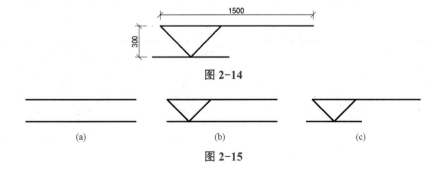

图 2-15

2.3.8 洗手池绘制

洗手池绘制共分 10 个步骤完成，其中主要的绘图操作有：直线（L）、偏移（O）、圆角（CHA）、椭圆（EL）、圆（C）、修剪（TR）、打断（BR），如图 2-16 所示。

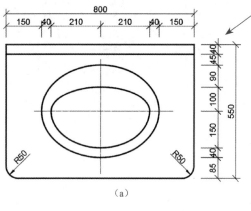

（1）使用直线命令（L）绘制 550 mm×800 mm 的矩形，然后对矩形执行分解命令（X），如图 2-17（a）所示；

（2）通过偏移命令（O）将上部线段向内偏移 40 mm，如图 2-17（a）所示；

（3）通过圆角命令（CHA）将下部两个直角倒成半径为 50 mm 的圆角，如图 2-17（b）所示；

（4）通过椭圆命令（EL）绘制长径为 250 mm、短径为 190mm 的大椭圆，如图 2-17（b）所示；

（5）通过椭圆命令（EL）绘制长径为 210 mm、短径分别为 150 mm 与 100 mm 的小椭圆，如图 2-17（b）所示；

（6）通过修剪命令（TR）修剪长径为 210 mm 的椭圆，如图 2-17（c）所示；

（7）通过圆命令（C）绘制半径为 27 mm、16 mm 和 15 mm 的圆，如图 2-17（d）所示；

（8）使用直线命令（L）将半径为 27 mm 和 16 mm 的圆连接起来，如图 2-17（e）所示；

（9）通过修剪命令（TR）修改半径为 27 mm 和 16 mm 的圆，如图 2-17（f）所示；

（10）通过打断命令（BR）打断洗手池与龙头相交的椭圆线段，如图 2-17（f）所示。

图 2-16

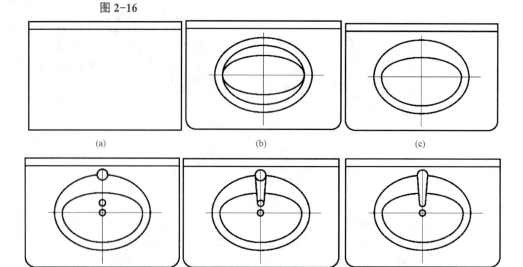

图 2-17

2.3.9 水杯绘制

水杯绘制共分 6 个步骤完成，其中主要的绘图操作有：椭圆（EL）、直线（L）、偏移（O）、渐变色填充（H），如图 2-18 所示。

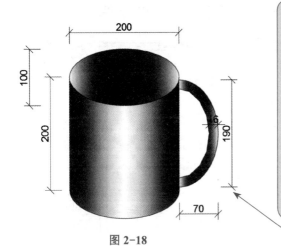

图 2-18

（1）使用椭圆命令（EL）绘制长轴 × 短轴＝200 mm×100 mm 的杯口与杯底，如图 2-19（a）所示；

（2）通过直线命令（L）绘制杯子边缘，如图 2-19（b）所示；

（3）通过椭圆命令（EL）绘制长轴 × 短轴＝190 mm×140 mm 的半椭圆，如图 2-19（c）所示；

（4）通过偏移命令（O）向内偏移 16 mm，如图 2-19（c）所示；

（5）通过修剪命令（TR）把多余的椭圆线条删除，如图 2-19（d）所示；

（6）通过渐变色填充命令（H），分别为杯面、杯口及杯柄填充颜色，如图 2-19（e）所示。

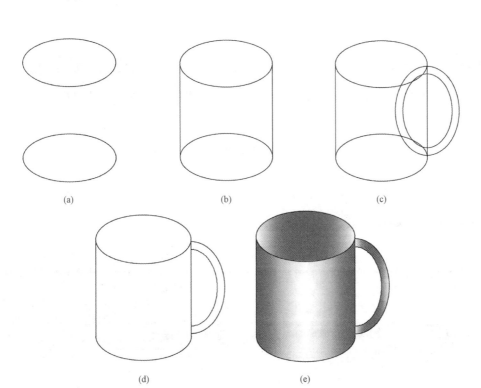

(a)   (b)   (c)

(d)   (e)

图 2-19

2.3.10　小房子绘制

绘制小房子平面图，需要进行设置的地方比较多，其中主要的绘图操作有：多线（ML）、矩形（REC）、镜像（MI）、阵列（AR）、线性标注（DLI），如图 2-20 所示。

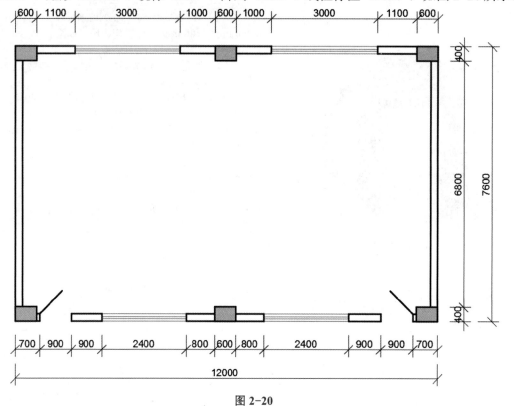

图 2-20

图 2-21

（1）选择"格式"菜单中的"多线样式（MLSTYLE）"命令；

（2）新建样式，输入名称"Q"，设置封口 - 直线，设置图元偏移量为 100、-100，如图 2-21 所示；

（3）新建样式，输入名称"C"，设置封口 - 直线，设置图元偏移量为 100、30、-30、-100，如图 2-22 所示；

（4）新建样式，输入名称"Z"，设置封口 - 直线，设置图元偏移量为 200、-200，设置填充颜色为红色，完成结果如图 2-22 所示；

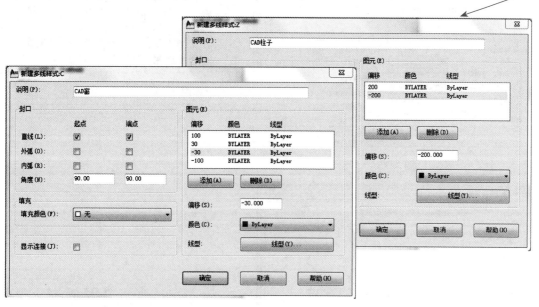

图 2-22

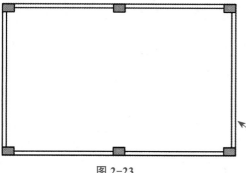

图 2-23

（5）使用多线命令（ML），设置对正（J）= 无，比例（S）= 1.00，样式（ST）= Q，绘制墙线；

（6）使用多线命令（ML），设置对正（J）= 无，比例（S）= 1.00，样式（ST）= Z，绘制柱子；

（7）使用填充命令（H）对柱子进行填充，如图 2-23 所示；

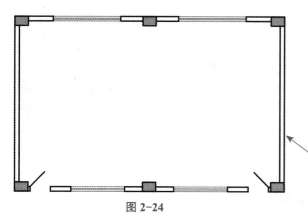

图 2-24

（8）作辅助线定位出门窗位置，使用修剪命令（TR）对墙线进行修剪；

（9）使用多线命令（ML），设置对正（J）= 无，比例（S）= 1.00，样式（ST）= C，绘制窗线；

（10）使用直线命令（L）绘制门线，如图 2-24 所示；

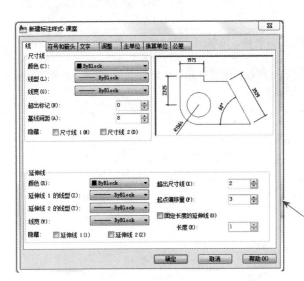

图 2-25

　　（11）选择"格式"菜单中的"标注样式（D）"命令；
　　（12）新建样式，输入名称"课室"，设置样式；
　　（13）选择"线"选项卡，设置"基线间距"为"8"、"超出尺寸线"为"2"、"起点偏移量"为"3"，如图 2-25 所示；

图 2-26

　　（14）选择"符号和箭头"选项卡，设置"箭头"为"建筑标记"，"箭头大小"为"1.5"，"圆心标记"为"无"，如图 2-26 所示；

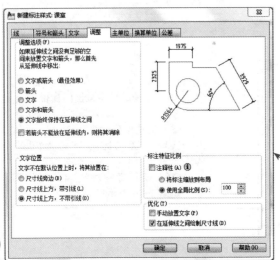

图 2-27

　　（15）选择"调整"选项卡，设置"使用全局比例"为"100"，如图 2-27 所示；
　　（16）将"课室"样式"置为当前"，通过线性标注（DLI）命令进行标注，完成结果如图 2-20 所示。

2.4 实例练习

（1）绘制柱基础图形，如图 2-28 所示。

（2）绘制坐便器平面图，如图 2-29 所示。

（3）绘制装饰门，如图 2-30 所示。

（4）绘制沙发平面图，如图 2-31 所示。

（5）绘制办公室平面图，如图 2-32 所示。

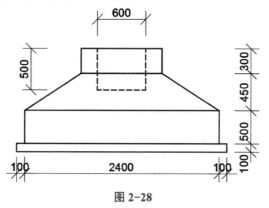

图 2-28

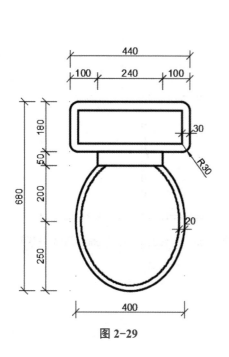

图 2-29

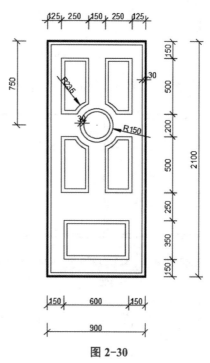

图 2-30

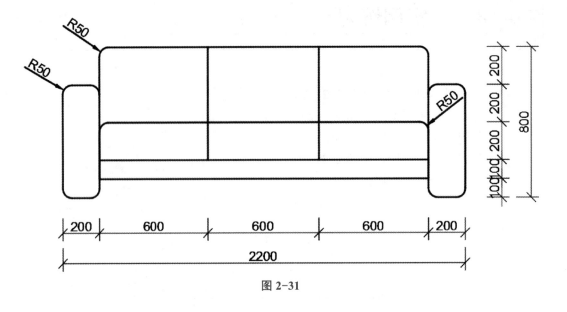

图 2-31

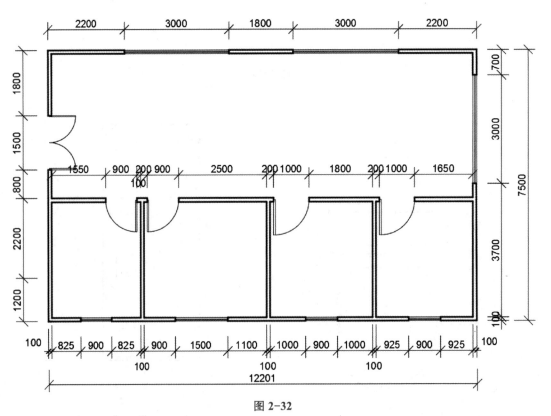

图 2-32

CHAPTER

03

第 3 章

建筑施工图的绘制

建筑平、立、剖面图是房屋施工中最基本的图样。本章通过某四层住宅楼施工图的平、立、剖面图及详图大样的绘制过程介绍建筑施工图的绘制方法。在绘制建筑施工图时，应按照《房屋建筑制图统一标准》（GB/T 50001—2017）、《建筑制图标准》（GB/T 50104—2010）等国家标准进行绘制。

3.1 绘制楼梯建筑施工详图

楼梯是多层房屋上、下层之间的垂直交通设施，它除了要满足行走和方便人流疏散畅通的要求外，还应有足够的坚固耐久性。楼梯建筑施工详图一般包括平面图、剖面图以及节点详图。楼梯建筑施工详图一般尽可能画在同一张图纸内。平、剖面比例要一致，以便对照阅读。

绘制图 3-1 所示的学生公寓楼梯并标注尺寸。要求绘图比例为 1：50。

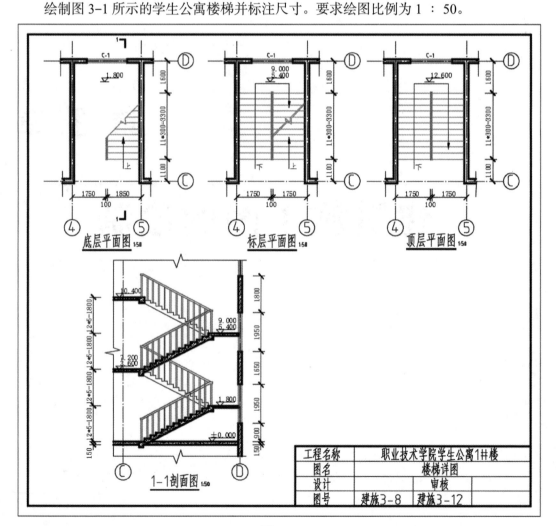

图 3-1

3.1.1 绘制平面图

1. 创建图层

（1）打开"图层特性管理器"（LA），按图 3-2 所示建立图层。

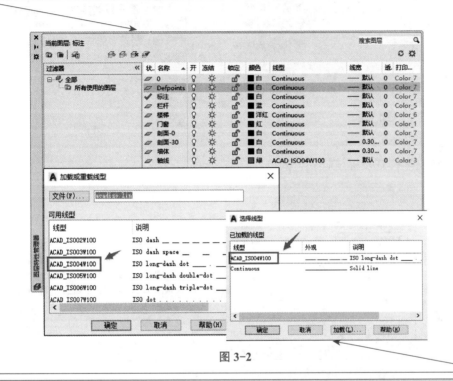

图 3-2

（2）修改"轴线"线型，单击"选择线型"对话框中的"加载"按钮，选择"ACAD_IS004W100"线型，如图 3-2 所示。

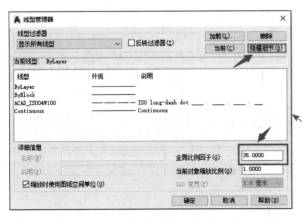

（3）打开"线型管理器"（LT）对话框，单击"隐藏细节"按钮，设置"ACAD_IS004W100"线型的全局比例因子为 35，如图 3-3 所示。

图 3-3

2. 创建多线样式

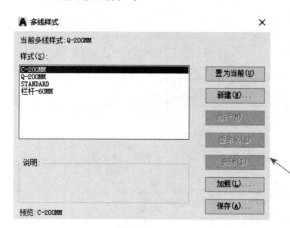

图 3-4

（1）打开"多线样式"对话框（MLST），创建多线样式"Q-200MM"，偏移量为 100、-100；

（2）创建多线样式"C-200MM"，偏移量为 100、30、-30、-100；

（3）创建多线样式"栏杆 -60MM"，偏移量为 30、-30，如图 3-4 所示。

3. 创建文字样式及标注样式

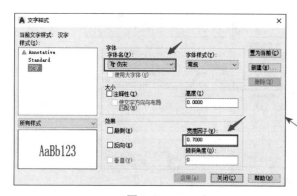

图 3-5

打开"文字样式"对话框（ST），新建"汉字"样式，设置字体为"仿宋"，设置"宽度因子"为"0.7000"，如图 3-5 所示。

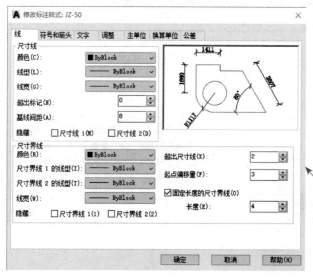

使用标注样式命令（D），新建样式"JZ-50"；设置"基线间距"为"8"，"超出尺寸线"为"2"，"起点偏移量"为"3"，箭头为"建筑标记"，"全局比例"为"50"，"主单位"选项卡下的"比例因子"为 0.5，如图 3-6 所示。

图 3-6

4. 绘制轴网与墙体

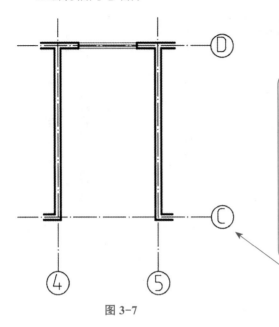

图 3-7

（1）选择"轴线"图层，使用直线命令（L）绘制轴线④与轴线Ⓒ；

（2）使用偏移命令（O），将轴线④向右偏移 3 600 mm 生成轴线⑤，将轴线Ⓒ向上偏移 6 000 mm 生成轴线Ⓓ；

（3）选择"墙体"图层，将多线样式"Q-200MM"置为当前，使用多线命令（ML）绘制墙线；

（4）选择"门窗"图层，将多线样式"C-200MM"置为当前，使用多线命令（ML）绘制窗线，如图 3-7 所示。

5. 绘制楼梯踏步

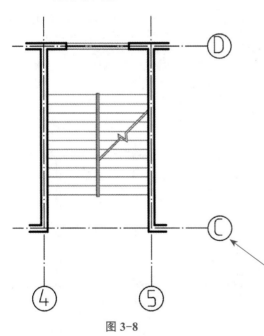

图 3-8

（1）使用偏移命令（O）将轴线向上偏移 1 100 mm，作为辅助线；

（2）使用直线命令（L）在该辅助线位置从墙边开始绘制 1 700 mm 长度的直线；

（3）使用阵列命令（AR），选择矩形（R）和行数（R），输入数值"13"，输入行间距离"300 mm"，指定行之间标高增量为 0，设置列数（COL），输入数值"2"，输入列间距"1 750 mm"；

（4）使用矩形命令（REC）在楼梯井处绘制栏杆；

（5）使用多段线命令（PL）绘制折断线，如图 3-8 所示。

6. 添加标注

（1）使用多段线命令（PL）绘制梯段方向线，绘制到箭头处时，修改宽度（W），箭尾处宽度为 100 mm，箭头处宽度为 0，再绘制长度为 300 mm 即可；

（2）使用直线命令（L）绘制标高，在绘图比例为 1：50 的情况下，标高的尺寸如图 3-9 所示；

（3）使用文字命令（DT）放置注释与门窗注释，文字高度为 200 mm；

（4）使用缩放命令（SC）将绘制完成的部分进行放大，比例因子为 2；

（5）缩放完成后，使用线性标注命令（DLI）对平面图的尺寸进行标注，如图 3-10 所示。

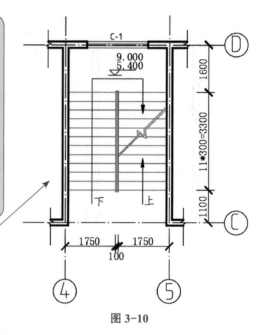

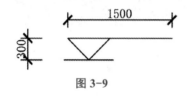

图 3-9

图 3-10

7. 完善平面图

（1）添加图名：将上述绘制好的平面图作为"标层平面图"，在图纸底部添加图名，使用多段线命令（PL）绘制图名线，线宽为 30 mm，使用文字命令（DT）添加图名，字高为 500 mm；

（2）复制图纸：使用复制命令（CO）将该平面图复制两份，修改其踏步及标注文字；

（3）绘制剖切符号：使用多段线命令（PL）在"底层平面图"梯段处绘制剖切符号，设置线宽为 30 mm，剖切符号水平段为 300 mm，垂直段为 400 mm，如图 3-11 所示。

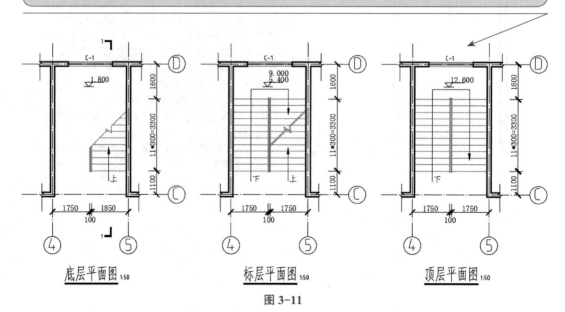

图 3-11

3.1.2 绘制剖面图

1. 绘制轴网及参照线

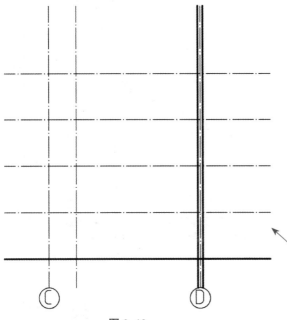

（1）选择"轴线"图层，使用直线命令（L）绘制轴线Ⓒ；

（2）使用复制命令（CO）将轴线Ⓒ向右偏移6 000 mm复制出轴线Ⓓ；

（3）使用直线命令（L）绘制地面线，使用偏移命令（O）将地面线向上偏移1 800 mm，重复4次，得到4条平台参照线，将轴线Ⓒ向右偏移1 100 mm，得到踏步起始处参照线；

（4）使用偏移命令（O）将轴线Ⓓ左右偏移100 mm，修改图层，生成墙线，如图3-12所示。

图 3-12

2. 绘制踏步

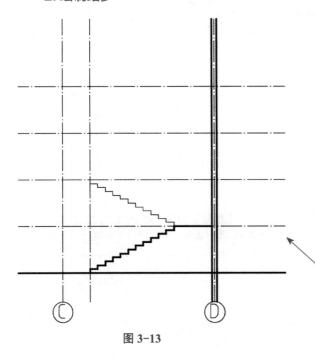

（1）选择图层"剖面-30"，在踏步参照线处，使用直线命令（L）向上150 mm、向右300 mm绘制直线；

（2）使用复制命令（CO）将该踏步复制上去；

（3）使用成组命令（G）将绘制好的梯段成组；

（4）使用镜像命令（MI）将梯段组镜像上去，修改图层，如图3-13所示。

图 3-13

3. 绘制踏步下线及平台板

使用直线命令（L）连接楼梯底部，使用偏移命令（O）将直线向下偏移 150 mm，如图 3-14 所示。

使用偏移命令（O）将平台板线向下偏移 120 mm 和 300 mm 将平台板处的踢面向右偏移 250 mm，如图 3-15 所示。

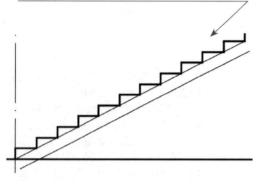

图 3-14

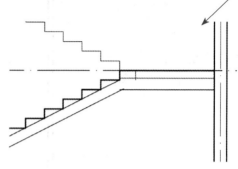

图 3-15

使用偏移命令（O）将踏步起始处参照线向左偏移 250 mm，将地面线向下偏移 300 mm，如图 3-16 所示。

使用修剪命令（TR）对线段进行修剪后修改图层为"剖面 -30"，最终效果如图 3-17 所示。

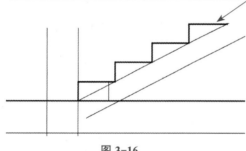

图 3-16

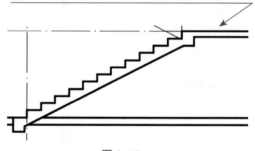

图 3-17

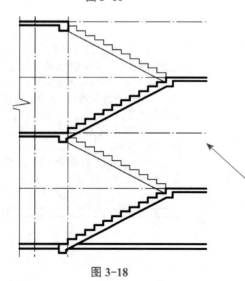

图 3-18

使用复制命令（CO）将绘制完成的梯段复制上去，如图 3-18 所示。

4. 绘制窗线

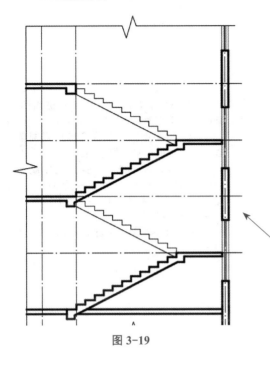

图 3-19

（1）使用直线命令（L）在地面线往上
900 mm 处绘制窗台线；

（2）使用偏移命令（O）将窗台线向
上偏移 1 950 mm、1 650 mm、1 950 mm、
1 800 mm；

（3）使用修剪命令（TR）对窗之间的
墙线进行修剪；

（4）将多线样式"C-200MM"置为当
前，使用多线命令（ML）绘制窗线，如图3-19
所示。

5. 绘制栏杆

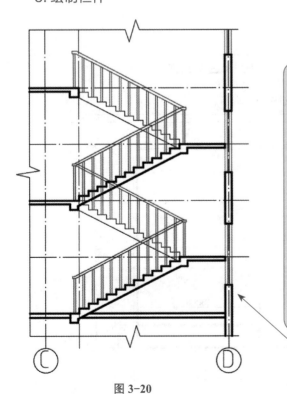

图 3-20

（1）将多线样式"栏杆 -60MM"置为
当前，使用多线命令（ML）在踏步中点处
绘制长度为 1 100 mm 的栏杆；

（2）使用复制命令（CO）将栏杆复制
到每一个台阶上；

（3）使用直线命令（L）在栏杆顶端首、
尾进行连线；

（4）使用偏移命令（O）将连成的线段
向上偏移 80 mm；

（5）使用直线命令（L）在栏杆首尾处
绘制水平段栏杆，长度为 100 mm；

（6）使用成组命令（G）将绘制好的栏
杆成组；

（7）使用镜像命令（MI）和复制命令
（CO）将成组的栏杆放置到上部梯段上，
如图 3-20 所示。

6. 填充图例与添加标注

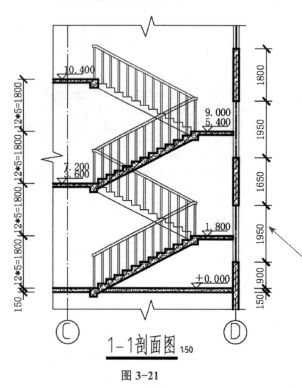

（1）使用填充命令（H）对被剖切到的部分填充对应的图案；
（2）将平面图中的标高标注复制到立面中对应的位置，修改数值；
（3）使用缩放命令（SC）对绘制完成的部分进行放大，比例因子为2；
（4）使用线性标注命令（DLI）对剖面图进行标注；
（5）添加图名，最终效果如图3-21所示。

1-1剖面图 1:50

图 3-21

7. 插入图框并保存

（1）使用矩形命令（REC）绘制A3图框，图框尺寸如图3-22所示；
（2）因图纸比例为1∶50，绘制完成后将其放大两倍；
（3）最后将绘制完成的平面图与立面图放进图框内即可。

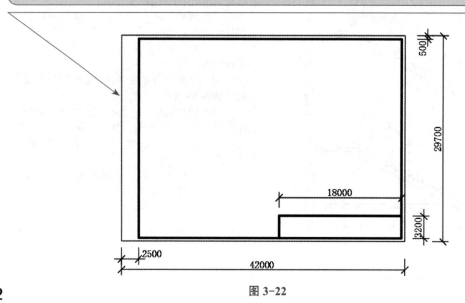

图 3-22

3.2 小型办公楼建筑施工图

3.2.1 绘制小型办公楼建筑平面图

建筑平面图即房屋的水平剖视图,用来表达建筑物的平面大小、形状和房间的布局,一般包括墙、柱、门窗等构件的位置、形状和材料等内容。对不同结构的多层建筑应分层绘制平面图。

绘制图 3-23 所示的小型办公楼建筑标准层平面图,要求绘图比例为 1 : 100。

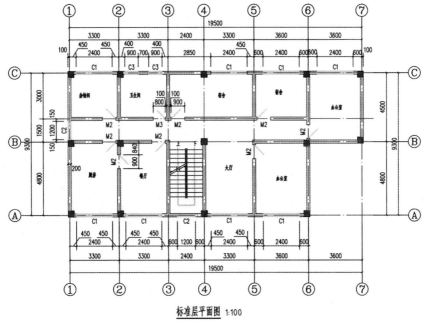

标准层平面图 1:100

图 3-23

1. 建立图层

（1）打开"图层特性管理器"对话框（LA），如图3-24所示,建立图层;

（2）修改"轴线"线型,单击"选择线型"对话框中的"加载"按钮,选择"CENTER"线型;

（3）打开"线型管理器"对话框（LT）,设置"CENTER"线型的全局比例因子为100。

状	名称	开.	冻结	锁...	颜色	线型	线宽	打印...	打.	新.
✔	0	♀	☼	🔓	■白	Continu...	—— 默认	Color_7	🖶	🖺
⊘	Defpoints	♀	☼	🔓	■白	Continu...	—— 默认	Color_7	🖶	🖺
⊘	标注	♀	☼	🔓	■绿	Continu...	—— 默认	Color_3	🖶	🖺
⊘	楼梯	♀	☼	🔓	□黄	Continu...	—— 默认	Color_2	🖶	🖺
⊘	门窗	♀	☼	🔓	■青	Continu...	—— 默认	Color_4	🖶	🖺
⊘	墙体	♀	☼	🔓	■白	Continu...	—— 默认	Color_7	🖶	🖺
⊘	轴线	♀	☼	🔓	■红	CENTER	—— 默认	Color_1	🖶	🖺
⊘	柱子	♀	☼	🔓	■红	Continu...	—— 默认	Color_1	🖶	🖺

图 3-24

第1章 第2章 第3章 第4章 第5章 第6章 第7章 第8章 第9章

2. 绘制轴网

建筑施工图中的轴线是用来确定建筑物主要结构及构件位置的尺寸基准线。凡承重构件（如墙、柱、梁、屋架等）都应标注轴线，并使之构成纵、横轴线网来确定构件的位置，如图 3-25 所示。

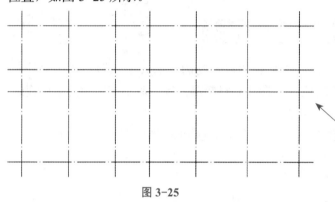

（1）使用直线命令（L）绘制①轴；
（2）使用偏移命令（O）绘制②～⑦轴；
（3）重复（1）、（2）两步，绘制Ⓐ～Ⓒ轴轴网及辅助轴线。

图 3-25

3. 绘制柱子

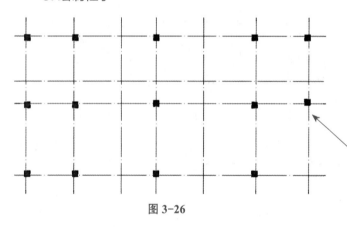

（1）使用矩形命令（REC）绘制 400 mm×400 mm 的矩形；
（2）使用填充命令（H），选择图案"SOLID"填充矩形，完成柱子的绘制；
（3）使用复制命令（CO）复制柱子，完成效果如图 3-26 所示。

图 3-26

4. 绘制墙体

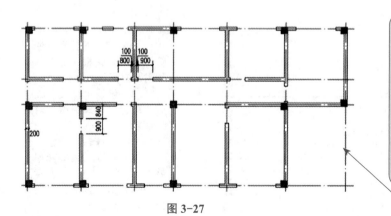

（1）创建多线样式，新建样式"Q"，图元偏移量为 100、−100；
（2）使用多线命令（ML），设置对正（J）＝无，比例（S）＝1.00，样式（ST）＝Q；
（3）使用"Q"多线样式，按图 3-23 所示要求完成墙线的绘制，如图 3-27 所示。

图 3-27

5. 绘制门窗

（1）绘制窗线。创建多线样式，新建样式"C"，图元偏移量为100、30、-30、-100，使用多线命令（ML），设置对正（J）=无，比例（S）=1，样式（ST）= C，按图3-28所示完成窗线的绘制。
（2）绘制门线。使用直线命令（L），设置角度为45°，按图3-28所示完成门线的绘制。
（3）门窗注释。设置文字样式（ST），新建样式"MC"，选择字体"simplex.shx"；
（4）使用文字命令（T），设置字体高度为300 mm，按图3-28所示完成门窗注释。

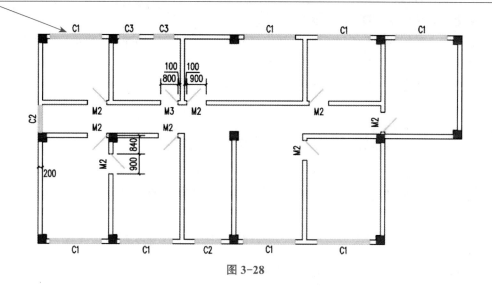

图 3-28

6. 绘制楼梯

（1）使用直线命令（L）绘制起始踏步线；
（2）使用阵列命令（AR），通过矩形阵列完成踏步线的绘制；
（3）使用矩形命令（REC），通过修剪命令（TR）修剪矩形内的踏步线，完成扶手的绘制；
（4）使用多段线命令（PL）绘制剖断线；
（5）使用多段线命令（PL）绘制上、下方向箭头。完成效果如图3-29所示。

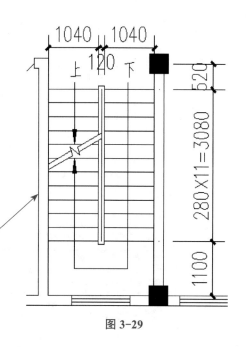

图 3-29

7. 标注

（1）文字标注。

①使用文字样式（ST），新建样式"WZ"，字体选择"仿宋"，宽度因子为0.7；

②使用文字命令（MT），设置房间名字体高度为"300"，图名字体高度为"700"，按图示要求进行注释。

（2）尺寸标注。

①使用标注样式（D），新建样式"JZ"；

②设置"基线间距"为"8"，"超出尺寸线"为"2"，"起点偏移量"为"3"，箭头为"建筑标记"，"全局比例"为"100"；

③使用标注命令（DIM），按图示要求完成尺寸标注，完成效果如图3-23所示。

3.2.2　绘制小型办公楼建筑立面图

在与房屋立面平行的投影面上所作的正投影图称为建筑立面图，建筑立面图主要反映房屋的长度、高度、层数、门窗阳台等外貌和外墙装修的材料及做法，其绘图比例一般与建筑平面图的比例相同。

绘制图3-30所示小型办公楼建筑立面图并标注尺寸，要求绘图比例为1：100。

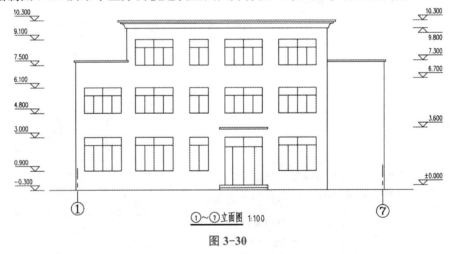

①～⑦立面图 1:100

图3-30

1. 新建图层

图3-31

（1）打开"图层特性管理器"对话框（LA），按图3-31所示建立图层；

（2）修改"轴线"线型，单击"选择线型"对话框中的"加载"按钮，选择"CENTER"线型；

（3）打开"线型管理器"对话框（LT），设置"CENTER"线型的全局比例因子为100。

2. 绘制定位轴线、轮廓线

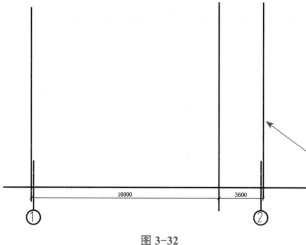

（1）使用直线（L）命令绘制①轴，使用复制命令（CO）绘制⑦轴；

（2）使用直线（L）命令绘制地坪线、墙线。完成效果如图3-32所示。

图 3-32

3. 绘制门窗

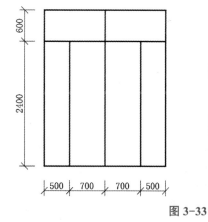 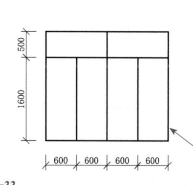

（1）按图3-33所示绘制门窗立面图；

（2）使用块命令（B）创建立面门窗图块；

（3）使用插入块命令（I）将绘制完成的门窗图块插入图3-33所示位置，完成门窗的绘制。

图 3-33

4. 绘制露台、屋顶

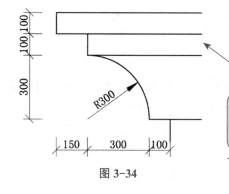

（1）使用直线命令（L），按图3-34所示绘制立面-屋顶；

（2）使用直线命令（L），按图3-35所示绘制立面-露台。

图 3-34

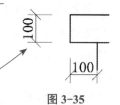

图 3-35

5. 绘制室外台阶、雨篷

（1）使用矩形命令（REC）绘制室外台阶（3 100 mm×150 mm）和雨篷（3 100 mm×100 mm）；
（2）使用多段线命令（PL）绘制标高符号，按图 3-36 所示完成标高标注；

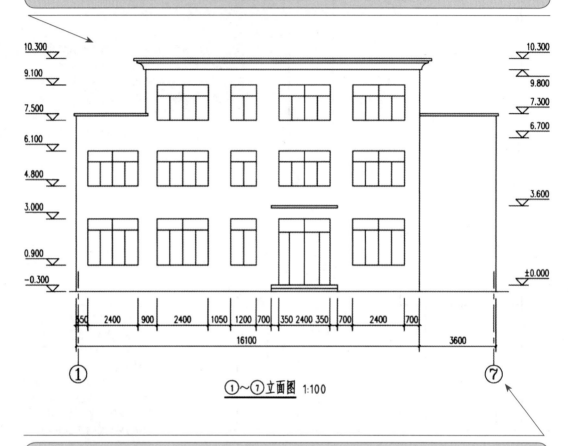

①～⑦立面图 1:100

（3）使用标注命令（DIM）对立面图进行尺寸标注；
（4）使用多行文字命令（MT）对立面图进行注释，完成立面图的绘制。

图 3-36

3.2.3 绘制小型办公楼建筑剖面图及大样图

建筑剖面图主要表示房屋的内部结构、分层情况、各层高度、楼面和地面构造以及各种配件在垂直方向上的相互关系等内容。建筑物的剖切位置一般选择在建筑物内部构造有代表性和空间变化比较复杂的部分，以及通过门、窗、洞的位置，多层建筑物选择在楼梯间处。大样图是针对某一特定区域进行特殊性放大标注，将其较详细地表示出来的图纸。

绘制图 3-37 所示的小型办公楼建筑剖面图，要求绘图比例为 1 ∶ 100。

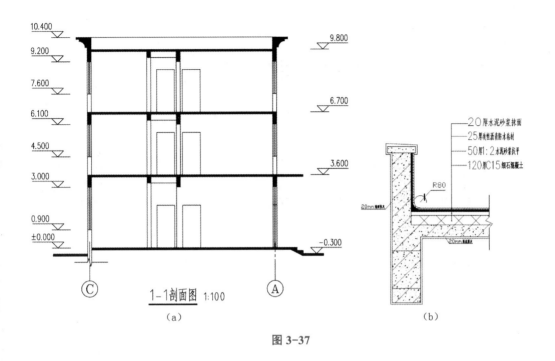

图 3-37

1. 设置定位线

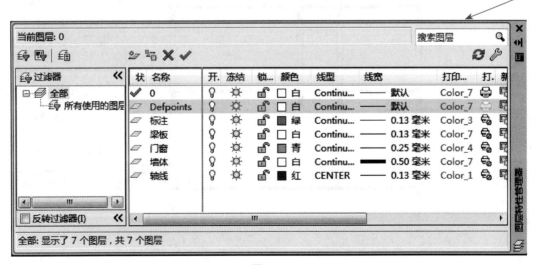

> （1）打开"图层特性管理器"对话框（**LA**），按图 **3-38** 所示建立图层；
> （2）修改"轴线"线型，单击"选择线型"对话框中的"加载"按钮，选择"**CENTER**"线型；
> （3）打开"线型管理器"对话框（**LT**），设置"**CENTER**"线型的全局比例因子为 **100**。

图 3-38

2. 绘制定位线

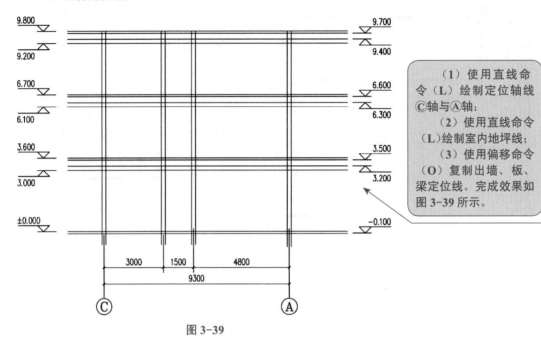

（1）使用直线命令（L）绘制定位轴线Ⓒ轴与Ⓐ轴；

（2）使用直线命令（L）绘制室内地坪线；

（3）使用偏移命令（O）复制出墙、板、梁定位线。完成效果如图3-39所示。

图 3-39

3. 绘制梁板、墙体

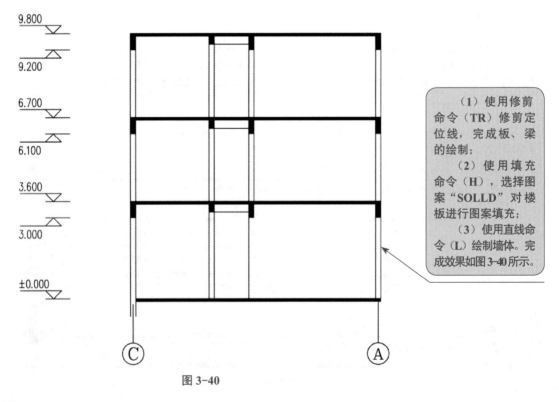

（1）使用修剪命令（TR）修剪定位线，完成板、梁的绘制；

（2）使用填充命令（H），选择图案"SOLLD"对楼板进行图案填充；

（3）使用直线命令（L）绘制墙体。完成效果如图3-40所示。

图 3-40

4. 绘制门窗

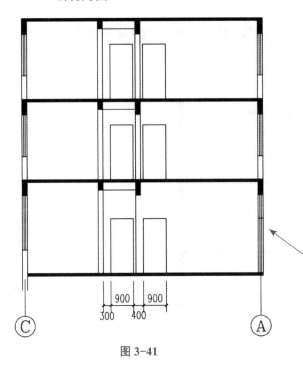

图 3-41

> （1）绘制门线。使用矩形命令（REC）绘制矩形（900 mm×2 100 mm）；使用复制命令（CO）复制矩形，按图 3-41 所示完成门线的绘制。
> （2）绘制窗线。创建多线样式，新建样式"C"，图元偏移量为 100、30、−30、−100。使用多线命令（ML），设置对正（J）＝无，比例（S）＝1.00，样式（ST）＝C，按图 3-41 所示完成窗线的绘制。

5. 绘制屋顶、雨篷、楼梯

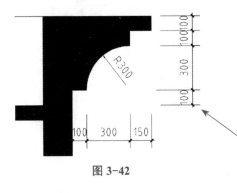

图 3-42

> （1）使用多段线命令（PL），按图 3-42 所示绘制屋顶轮廓；
> （2）绘制对应门窗图块，并插入块（I）至剖面图中；

> （3）使用填充命令（HA）对楼板、楼梯及墙体进行图案填充，如图 3-43、图 3-44 所示。

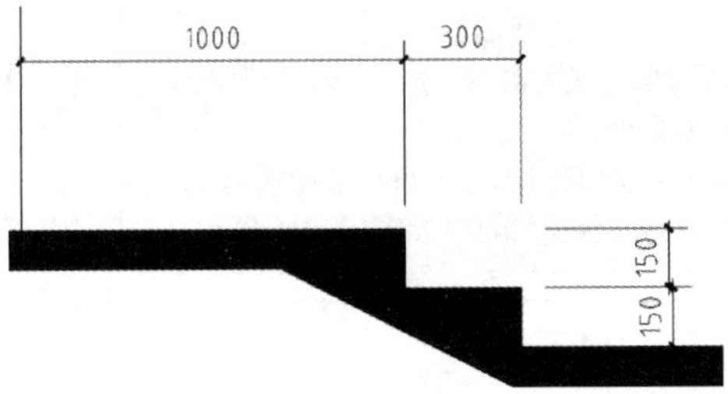

图 3-43 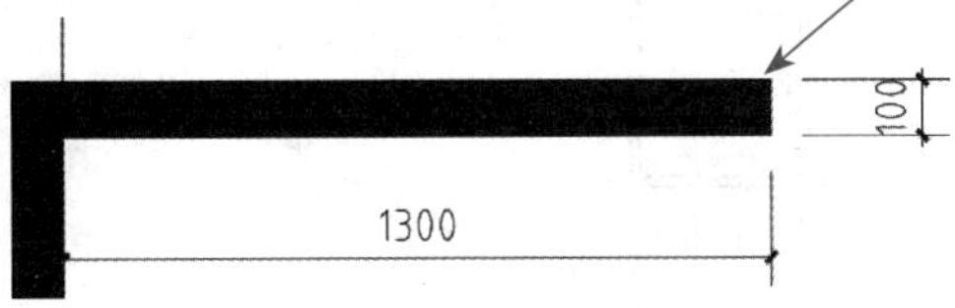   图 3-44

6. 标注标高

使用直线命令（L）、多段线命令（PL）等绘制建筑剖面，并按图示绘制标高；按图示要求进行尺寸标注（DIM），完成效果如图3-45所示。

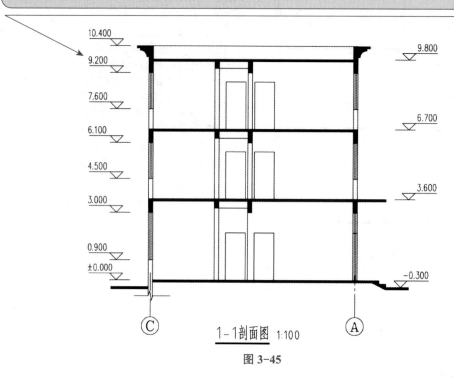

1-1剖面图 1:100

图 3-45

7. 绘制大样图

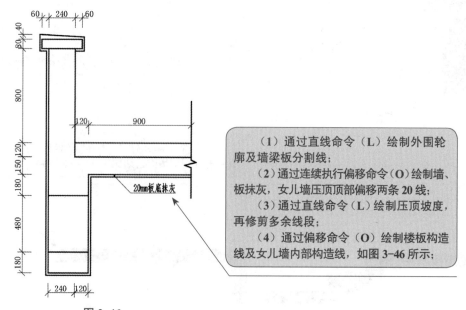

（1）通过直线命令（L）绘制外围轮廓及墙梁板分割线；

（2）通过连续执行偏移命令（O）绘制墙、板抹灰，女儿墙压顶顶部偏移两条20线；

（3）通过直线命令（L）绘制压顶坡度，再修剪多余线段；

（4）通过偏移命令（O）绘制楼板构造线及女儿墙内部构造线，如图3-46所示；

图 3-46

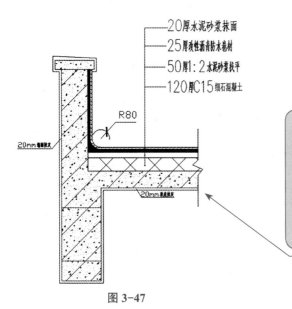

- 20厚水泥砂浆抹面
- 25厚改性沥青防水卷材
- 50厚1:2水泥砂浆找平
- 120厚C15细石混凝土

R80

20mm卷材收头

20mm卷材收头

图 3-47

（5）通过倒圆角命令（F）绘制女儿墙圆弧角；

（6）通过偏移命令（O）将防水卷材分界线往外偏移 20 mm；

（7）通过图案填充命令（HA）分别对各部分进行图案填充；

（8）通过多行文字命令（MT）补充构造做法，最终效果如图 3-47 所示。

3.3 综合练习

（1）绘制办公楼建筑平、立面图，如图 3-48 所示。

南立面图 1:100

东立面图 1:100

北立面图 1:100

西立面图 1:100

图 3-48

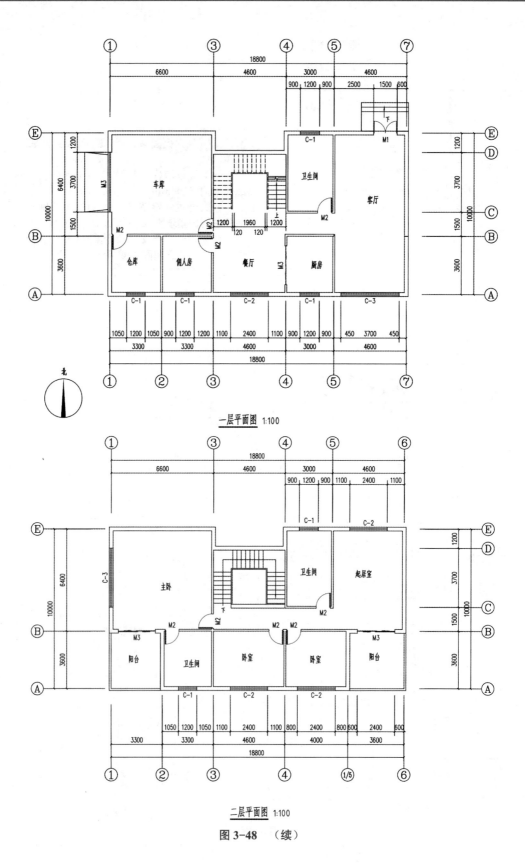

一层平面图 1:100

二层平面图 1:100

图 3-48 （续）

（2）绘制实验楼建筑平、立面图，如图 3-49 所示。

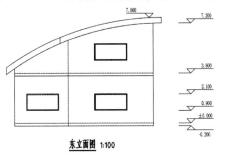

东立面图 1:100

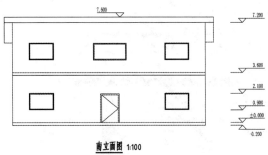

南立面图 1:100

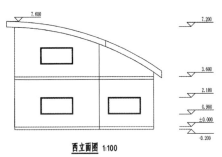

西立面图 1:100

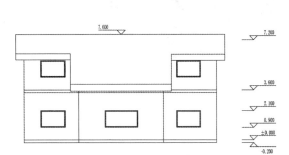

北立面图 1:100

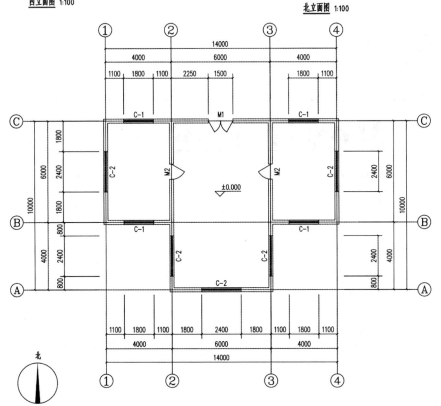

平面图 1:100

图 3-49

CHAPTER

04

第 4 章

Revit 概述

4.1 BIM 概述与 Revit 介绍

4.1.1 BIM 概述

建筑信息模型（Building Information Modeling，BIM）是以三维数字技术为基础，集成了建筑工程项目各种相关信息的工程数据模型。BIM 是对工程项目设施实体与功能特性的数字化表达。BIM 能够连接建筑项目生命期不同阶段的数据、过程和资源，是对工程对象的完整描述，可被建设项目各参与方普遍使用。

BIM 的关键是信息，结果是模型，重点是协作，工具是软件。它具有可视性、协调性、模拟性、优化性和可出图性五大特点（如图 4-1 所示），并且利用模型信息准确、全面以及更新高效的优势帮助设计方、施工方、业主方、监理方强化对工程的管控力。

图 4-1

Autodesk 公司将 BIM 的概念应用到 Revit 的开发，Revit 系列软件是专为 BIM 构建的，可帮助建筑师和设计师设计、建造和维护质量更好、能效更高的建筑。三维图形支撑平台是支撑 BIM 建模，以及基于 BIM 的相关产品的底层支撑平台，在数据容量、显示速度、模型建造和编辑效率、渲染速度和质量等方面能够满足 BIM 应用的各种支撑需求，如图 4-2 所示。

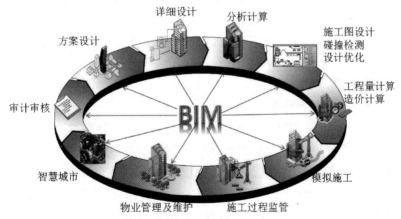

图 4-2

BIM 是以设计、施工运营的协调，可靠的项目信息为基础而构建的集成流程。通过采用 BIM，建筑公司可以在整个流程中使用一致的信息设计和绘制创新项目，还可以通过精确实现建筑外观的可视化来支持更好的沟通、模拟真实性能，以便让项目各方了解成本、工期与环境影响。

BIM 技术对产业链中投资方、设计方、建设方、运维方有很高的实用价值，本书主要针对建筑施工企业在工程施工全过程的关键价值进行描述。建设工程项目是一个复杂的、综合的经营活动，它具有参与方多、生命周期长、软件产品杂等特点。从设计的层面上讲，计算机辅助绘图能为设计人员减少很多工作量，设计人员可以在设计的过程中沟通、表达设计意图。在中国传统的作业模式中，建筑师既要制作模型，又要绘制图纸。BIM 运用与之前截然不同的表达形式，作为建筑师、设计师、施工人员的沟通工具，它可以弥补各方的不足，促使整个工程的项目管理信息化，从而提升项目生产效率、提高建筑质量、缩短工期、降低建造成本。

BIM 对建筑施工企业的工程施工全过程的关键价值：以虚拟施工促进方案优化；通过碰撞检测减少返工；对形象进度进行四维虚拟；以精确算量优化成本控制；实现现场整合、协同工作；实现数字化加工、工厂化生产；实现可视化建造、集成化交付（IPD），如图 4-3 所示。

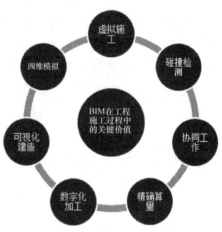

BIM 技术在欧美等国家的发展态势以及应用水平达到了一定程度，而现如今中国 BIM 行业的发展也是如火如荼，在政府的推动下，为了提高建设行业的信息水平，促进产业的升级，很多工程都采用了 BIM。

图 4-3

BIM 的出现可谓工程建设行业的第二次革命，BIM 的快速发展超出了很多人的想象，BIM 不仅是一种信息化技术，还对建筑施工企业的整个工作流程产生影响，并对企业的管理和生产起到变革作用。相信随着越来越多的行业从业者关注和实践 BIM 技术，BIM 必将发挥更大的价值，带来更大的效益。

BIM 的出现为工程建设领域的各建筑企业的跨越式发展奠定了坚实基础。

4.1.2 Revit 介绍

Revit 是 Autodesk 公司 BIM 系列软件的全新升级产品，旨在增进 BIM 流程在行业中的应用。Revit 为用户提供支持建筑设计、结构工程和 MEP 工程设计的工具。Revit 可以按照建筑师和设计师的思考方式进行设计，因此可以提供更高质量、更加精确的建筑设计。通过使用专为支持 BIM 工作流而构建的工具，Revit 可以获取并分析概念，并可通过设计、文档和建筑保持用户的视野。其强大的建筑设计工具可帮助用户捕捉和分析概念，以及保持从设计到建造各个阶段的一致性。

Revit 为结构工程师和设计师提供了工具，可以更加精确地设计和建造高效的建筑结构。它可帮助用户使用智能模型，通过模拟和分析深入了解项目，并在施工前预测性能，使用智能模型中固有的坐标和一致信息，提高文档设计的精确度。

Revit 全面创新的概念设计功能带来易用工具，帮助用户进行自由形状建模和参数化设计，并且能够让用户对早期设计进行分析。借助这些功能，用户可以自由绘制草图，快速创建三维形状，交互地处理各个形状，可以利用内置的工具进行复杂形状的概念澄清，为建造和施工准备模型。随着设计的持续推进，Revit 能够围绕最复杂的形状自动构建参数化框架，并为用户提供更高的创建控制能力、精确性和灵活性。从概念模型到施工文档的整个设计流程都在一个直观环境中完成。

使用 Revit 可以导出各建筑部件的三维设计尺寸和体积数据，为概预算提供资料，资料的准确程度同建模的精确度成正比。在精确建模的基础上，用 Revit 建模生成的平、立面图能够完全对应，图面质量受人的因素影响很小。其他软件只能解决一个专业的问题，而 Revit 能解决多专业的问题。Revit 不仅覆盖建筑、结构、设备，还有远程协同、带材质输入到 3DMAX 的渲染、云渲染、碰撞分析、绿色建筑分析等功能。Revit 具有强大的联动功能，平、立、剖面，明细表双向关联，一处修改，处处更新，自动避免低级错误。用户利用 Revit 进行设计可节省成本，减少设计变更，加快工程周期。

在 Revit 的数字化设计平台上，设计保持三维空间及其信息的完整性和连续性。用户可运用参数控制三维模型，根据需要控制模型的技术表达深度，准确地设置墙、楼板、门窗和幕墙等建筑构件的材料与结构等参数，进行照片级的渲染及动画演示，完全模拟建筑建造的过程，还可以准确模拟建筑的日照情况以及进行其他物理分析。

Revit 能按工程师的思维方式工作。它通过数据驱动的系统建模和设计来优化建筑设备与暖通、电气和给排水（Mechanical，Electrical & Plumbing，MEP）工程。它可以最大限度地减少设备专业设计团队之间以及建筑师和结构工程师之间的协调错误。Revit 是基于 BIM 的、面向设备及管道专业的设计和制图解决方案。

4.2　Revit 的用户界面与基本功能介绍

本节概念性地介绍 Revit 的基本架构，使学习者初步熟悉 Revit 的用户界面和基本功能，掌握 Revit 作为一款 BIM 软件的基本应用特点。

4.2.1　用户界面

启动 Revit，进入项目选项，样板主要包括构造样板、建筑样板、结构样板和机械样板，选择需要绘制的样板类型进行绘制，如图 4-4 所示。打开"建筑样例项目"文件，Revit 进入项目查看与编辑状态，其界面如图 4-5 所示。

图 4-4

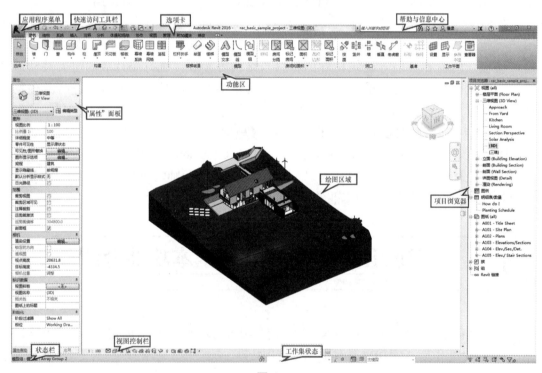

图 4-5

4.2.2　基本功能介绍

1. 应用程序菜单

应用程序菜单提供对常用文件的操作,例如"新建""打开"和"保存",可以使用更高级的工具（如"导出"和"发布"）来管理文件，单击 按钮打开应用程序菜单，如图 4-6 所示。

（1）设置快捷键。可通过使用预定义的快捷键或添加自定义的组合键来提高效率。用户可为一个工具指定多个快捷键，某些快捷键是系统保留的，无法指定给 Revit 工具。

功能区、应用程序菜单或关联菜单上工具的快捷键会显示在工具提示中。如果某工具有多个快捷键，则在工具提示中显示第一个快捷键。

(a)

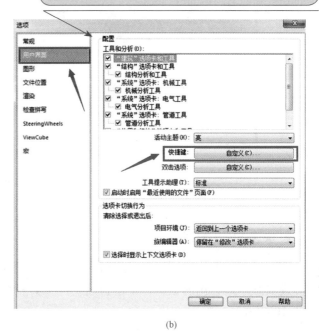

> 1）单击 →"选项"按钮，选择"用户界面"→"快捷键"选项（或者 ES），如图 4-6 所示。

(b)

图 4-6

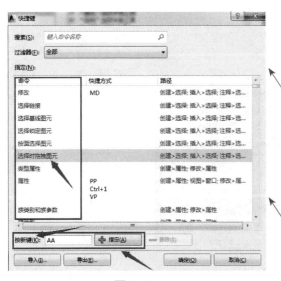

图 4-7

> 2）单击"快捷键"选项旁的"自定义"按钮，弹出"快捷键"对话框，单击左边指定的某一个命令，在左下方输入需要指定的快捷键（如 AA），单击"指定"按钮，进行快捷键指定，如图 4-7 所示。

> 3）图 4-7 所示对话框的左下角有两个按钮："导入"和"导出"按钮。快捷键设置好后可以进行导出，导出后的快捷键也可以在另外一台计算机上进行导入。

（2）更换绘图区背景颜色。打开图 4-8 所示的"选项"对话框，切换至"图形"选项卡，在"颜色"选项区中单击"背景"选项旁边的按钮，进入调色板，可更换绘图区背景颜色。

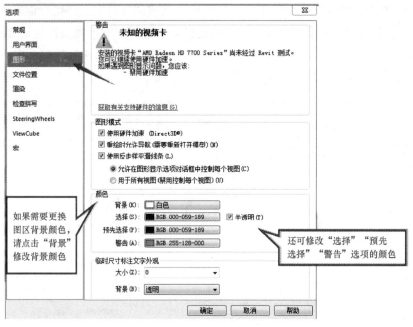

图 4-8

2. 快速访问工具栏

图 4-9 所示的快速访问工具栏包含一组默认工具。可以对快速访问工具栏进行自定义，使其显示最常用的工具，单击快速访问工具栏后的向下箭头 将弹出下拉菜单，如图 4-10 所示。

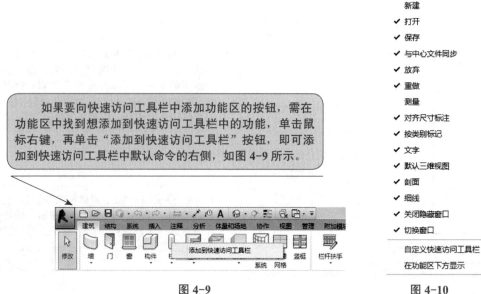

图 4-9

图 4-10

3. 项目浏览器

项目浏览器如图 4-11（a）所示，用于显示当前项目中的所有视图、明细表、图纸、组合等其他部分的逻辑层次。展开和折叠各分支时，将显示下一层项目。勾选"视图"选项卡→"窗口"面板→"用户界面"下拉列表→"项目浏览器"复选框，如图 4-11（b）所示，或在应用程序窗口中的任意位置单击鼠标右键，然后在弹出的快捷菜单中选择"浏览器"→"项目浏览器"选项，如图 4-11（c）所示，将打开"项目浏览器"。

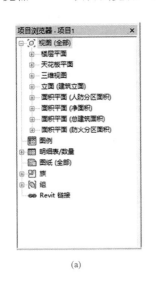
(a)

(b)

(c)

图 4-11

4. 属性

（1）打开"属性"在，面板。第一次启动 Revit 时，"属性"面板处于打开状态并固定在绘图区域左侧"项目浏览器"的上方。如果关闭"属性"面板，可以使用下列任一方法重新打开：

1）单击"修改"选项卡→"属性"面板→"属性"按钮。

2）单击"视图"选项卡→"窗口"面板→"用户界面"下拉列表→"属性"按钮，如图 4-12 所示。

3）在绘图区域中单击鼠标右键，在弹出的快捷菜单中选择"属性"选项。

图 4-12

（2）"编辑类型"按钮。单击"编辑类型"按钮将打开"类型属性"对话框，该对话框用来查看和修改选定图元或视图的类型属性（具体取决于属性过滤器的设置方式），若选择两个或以上的图元，则"编辑类型"按钮为灰显。

（3）实例属性。"属性"选项板既显示可编辑的实例属性，又显示只读（灰显）实例属性。实例属性可用于从几何图形条件中提取值，然后在公式中报告此值或用作明细表参数。

5. 状态栏

状态栏提供有关要执行操作的提示。高亮显示图元或构件时，状态栏会显示族和类型的名称，在应用程序窗口底部显示，如图 4-13 所示。打开较大的文件时，进度栏显示在状态栏左侧，用于指示文件的下载进度，如图 4-14 所示。

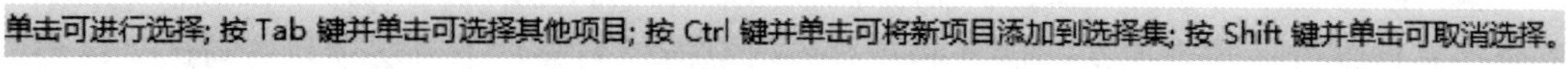

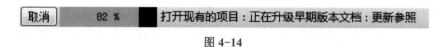

单击可进行选择; 按 Tab 键并单击可选择其他项目; 按 Ctrl 键并单击可将新项目添加到选择集; 按 Shift 键并单击可取消选择。

图 4-13

取消
82 %
打开现有的项目：正在升级早期版本文档：更新参照

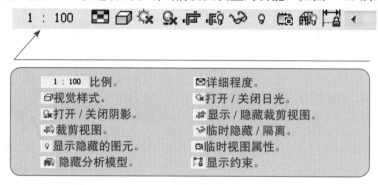

图 4-14

6. 视图控制栏

通过视图控制栏可以快速访问影响当前视图设置的功能，如图 4-15 所示。

1 : 100
1 : 100 比例。
详细程度。
视觉样式。
打开 / 关闭日光。
打开 / 关闭阴影。
显示 / 隐藏裁剪视图。
裁剪视图。
临时隐藏 / 隔离。
显示隐藏的图元。
临时视图属性。
隐藏分析模型。
显示约束。

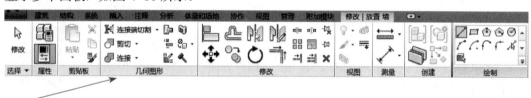

图 4-15

7. 上下文功能区选项卡

使用一些工具或者选择图元时，上下文功能区选项卡会切换到与该工具或图元相关的选项，如单击“墙”工具将会显示“修改 | 放置　墙”的上下文功能区选项卡，其中显示多个面板，如图 4-16 所示。

建筑 结构 系统 插入 注释 分析 体量和场地 协作 视图 管理 附加模块 修改 | 放置 墙
修改
粘贴
连接端切割
剪切
连接
选择 属性 剪贴板 几何图形 修改 视图 测量 创建 绘制
（1）选择：包含“修改”工具；
（2）属性：包含“类型属性”和“属性”工具；
（3）剪切板：包含复制、粘贴等工具；
（4）几何图形：包含剪切、连接、拆除、填色等工具；
（5）修改：包含对齐、偏移、镜像、移动、复制、旋转等工具；
（6）视图：包含置换图元、线处理等工具；
（7）测量：包含测量距离、尺寸标注等工具；
（8）创建：包含创建零件、创建部件、创建组、创建类似等工具；
（9）绘制：包含绘制墙草图必需的绘图工具。
退出工具的时候，上下文功能区选项卡也会随之关闭。

图 4-16

8. 全导航控制盘

全导航控制盘包含用于查看对象和巡视建筑的常用三维导航工具，图 4-17 所示为全导航控制盘和全导航控制盘（小），经优化可适合有经验的用户使用。

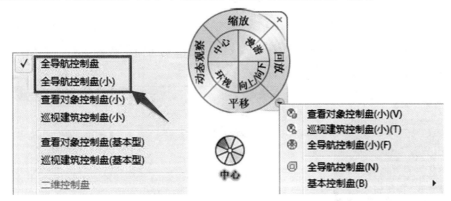

图 4-17

显示全导航控制盘时，按住鼠标中键可进行平移，滚动鼠标滚轮可进行放大或缩小，同时按住 Shift 键和鼠标中键可对模型进行动态观察。

切换全导航控制盘的方法为：在控制盘上单击鼠标右键，然后选择"全导航控制盘"或"全导航控制盘（小）"。

9.ViewCube

ViewCube 是一种可单击、可拖动的常驻界面的三维导航工具，可以利用它在模型的标准视图和等轴侧视图之间进行切换，还可以方便地返回自己熟悉的视图，如图 4-18 所示。若想自由控制视角位置也可按住 Shift 键和鼠标中键进行操作。

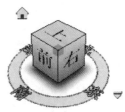

图 4-18

4.3　项目与视图设置

本节帮助学习者认识 Revit 并掌握基本的图形浏览与控制方法。本节主要围绕项目设置、视图规程和视图范围进行详细的讲解。

4.3.1　项目设置

（1）在 Revit 中，所有的设计模型、视图及信息都存储在一个后缀名为".rvt"的项目文件中。项目文件包括设计所需的全部信息，如建筑三维模型，平、立、剖及节点视图，各种明细表，施工图图纸以及其他相关信息。

第 1 章　第 2 章　第 3 章　第 4 章　第 5 章　第 6 章　第 7 章　第 8 章　第 9 章

1）使用列出的样板创建项目。单击所需的样板，软件使用选定的样板作为起点，创建一个新项目，如图 4-19 所示。

2）使用系统自带的其他样板创建项目的步骤如下：

①单击"新建"按钮创建新的项目文件。

②在"新建项目"对话框的"样板文件"选项区中执行以下操作：从列表中选择样板文件，如图 4-20 所示；或单击"浏览"按钮，定位到所需的样板文件（".rte"文件），然后单击"打开"按钮，如图 4-21 所示。

图 4-19

图 4-20

Revit 提供了多种项目样板文件，这些项目样板文件位于"C:\ProgramData\Autodesk\RVT2016\Templates\China"，如图 4-21 所示。

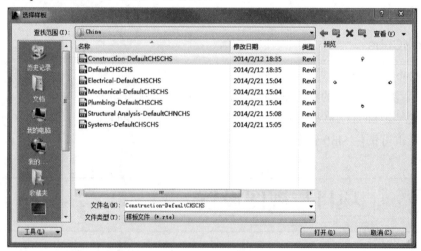

图 4-21

图 4-22

单击"确定"按钮。Revit 使用选定的样板作为起点，创建一个新项目，如图 4-22 所示。

3）使用默认设置创建项目。单击"新建"按钮，如图 4-23 所示，在"新建项目"对话框的"构造样板"下拉列表中选择合适的样板，单击"确定"按钮，如图 4-24 所示。

图 4-23

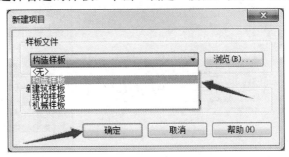

图 4-24

（2）Revit 可以指定各种数值的显示格式，指定的格式将影响数值在屏幕上显示和打印输出的外观，其设置步骤如图 4-25～图 4-29 所示。

图 4-25

1）单击"格式"列中的值以修改该单位类型的显示值，如图 4-26 所示，此时显示"格式"对话框（按照项目需求，选择合适的单位）。

2）选择一个合适的值作为"舍入"。如果选择了"自定义"选项，则在"舍入增量"文本框中输入一个值，如图 4-27 所示。

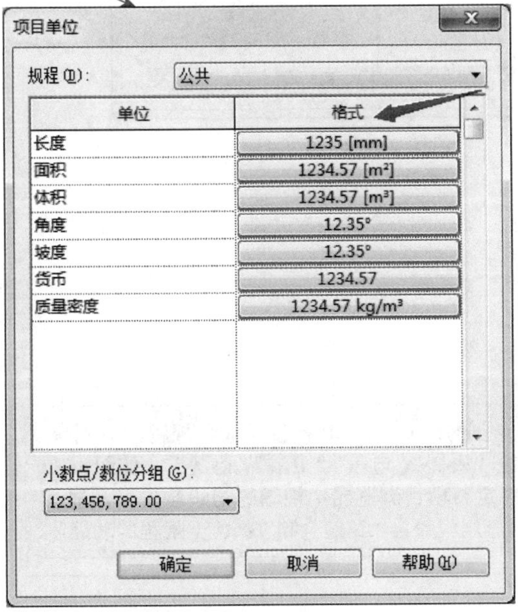

图 4-26

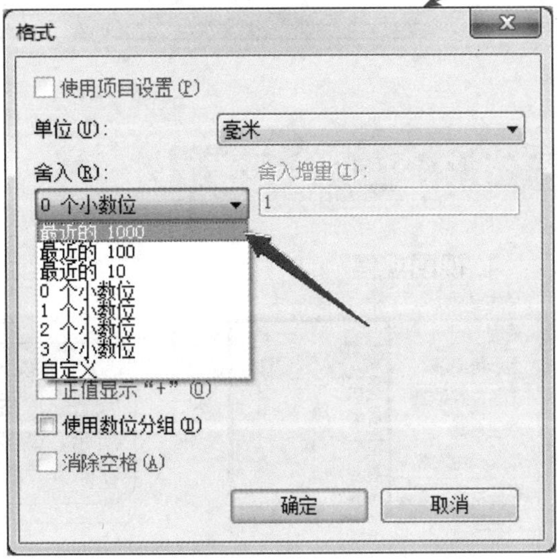

图 4-27

3）从"单位符号"下拉列表中选择合适的选项作为单位符号，如图4-28所示。

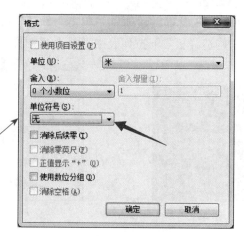

图 4-28

4）可以选择"消除后续零""消除零英尺""正值显示'+'""使用数位分组""消除空格"等选项，如图4-29所示。

①消除后续零：选择此选项时，将不显示后续零（例如，123.400 将显示为123.4）。

②使用数位分组：选择此选项时，在"项目单位"对话框中指定的"小数点/数位分组"选项将应用于单位值。

5）单击"确定"按钮。

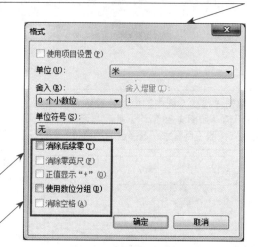

图 4-29

4.3.2 视图设置

1. 视图规程

图 4-30

根据各专业的需求，Revit 提供了 6 种规程，分别是"建筑""结构""机械""电气""卫浴""协调"，如图4-30所示，规程决定着项目浏览器中视图的组织结构以及显示状态。"协调"规程兼具"建筑"和"结构"规程的功能。

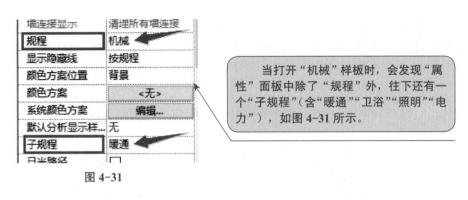

图 4-31

规程对应项目浏览器中的视图如图 4-32（a）所示，子规程对应的视图如图 4-32（b）所示。在"机械"样板中如果想添加对应规程的平面视图，只需在"属性"面板中修改对应的规程或子规程即可。

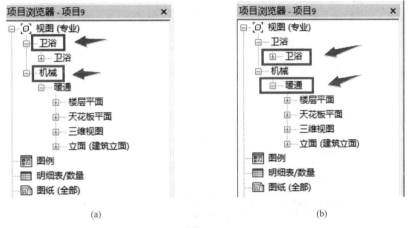

(a)   (b)

图 4-32

2. 视图范围

每个平面和天花板投影平面视图都有"视图范围"属性，该属性也称为可见范围，如图 4-33 所示。

图 4-33

059

视图主要范围也就是可见范围。该范围由顶部平面、剖切面、底部平面 3 部分组成。顶部平面和底部平面用于控制视图范围顶部和底部位置；剖切面是确定视图中某些图元可视剖切高度的平面（一般设置为 1 200 mm）；视图深度是视图主要范围外的附加平面，可以设置视图深度的标高，以显示位于底裁剪平面之下的图元，默认情况下该标高与底部平面重合，视图主要范围的底不能超过视图深度设置范围，如图 4-34 和图 4-35 所示。

图 4-34

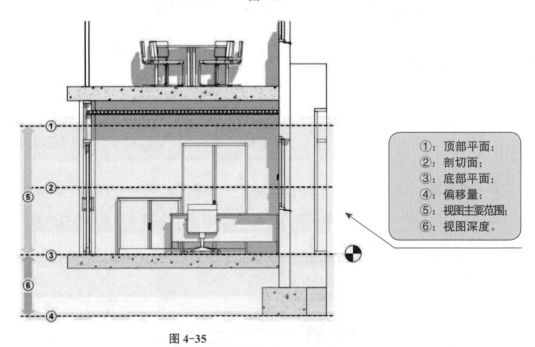

图 4-35

在楼层平面的"实例属性"面板中的"范围"选项区域可以对裁剪进行相应设置，只有将裁剪视图在平面视图中打开，裁剪区域才会生效。若需要调整，在视图控制栏同样可以控制裁剪区域的可见及裁剪视图的开启及关闭，如图 4-36 所示。

图 4-36

　　"裁剪视图"与"裁剪区域可见"选项如图 4-37 所示。两个选项均控制裁剪框，但不相互制约，裁剪区域可见或不可见均可设置有效或无效。

勾选该复选框即裁剪区域可见，取消勾选该复选框则裁剪区域将被隐藏。

范围	⟨⟩
裁剪视图	☑
裁剪区域可见	☑
注释裁剪	☐
视图范围	编辑...
相关标高	标高 1
范围框	无
裁剪裁	不剪裁

勾选该复选框即裁剪框有效，范围内的模型构件可见，裁剪框外的模型构件不可见，取消勾选该复选框则不论裁剪框是否可见均不裁剪任何构件。

图 4-37

第 5 章

Revit 案例一

创建图 5-1 所示模型。

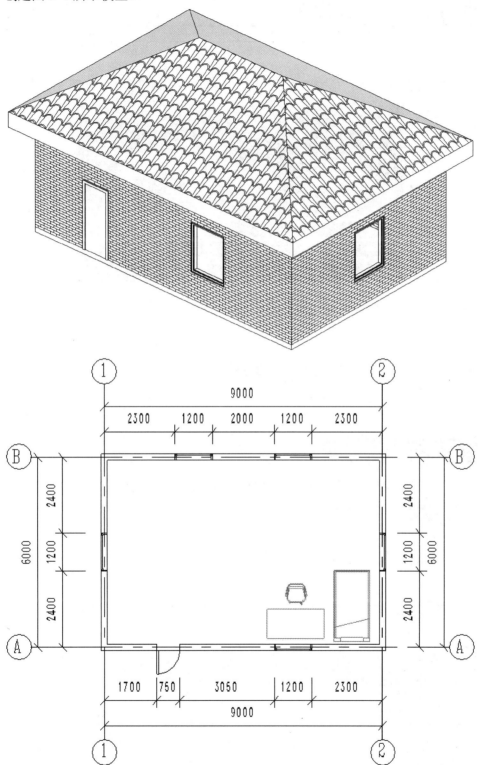

图 5-1

5.1 新建项目

运行 Revit 2016 软件，单击"建筑样板"，新建一个项目文件，如图 5-2 所示。

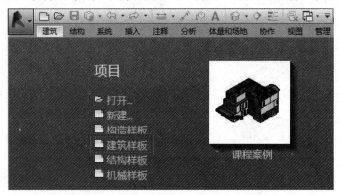

图 5-2

5.2 创建标高与轴网

5.2.1 创建标高

在项目浏览器中打开"南立面"进行标高的创建，如图 5-3 所示。

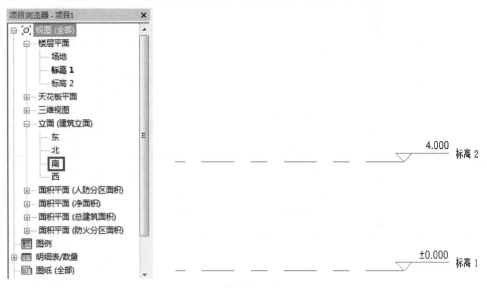

图 5-3

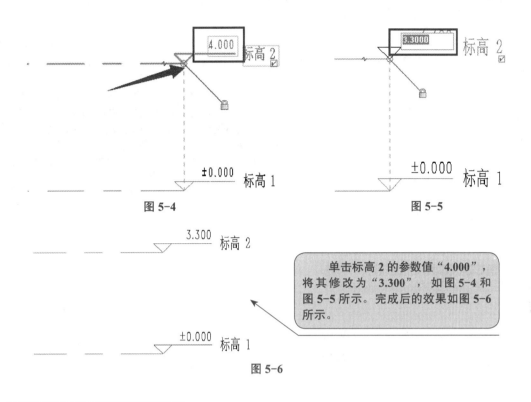

图 5-4   图 5-5

3.300 标高 2

单击标高 2 的参数值 "4.000"，将其修改为 "3.300"，如图 5-4 和图 5-5 所示。完成后的效果如图 5-6 所示。

±0.000 标高 1

图 5-6

5.2.2　创建轴网

轴网需要在楼层平面视图中创建。

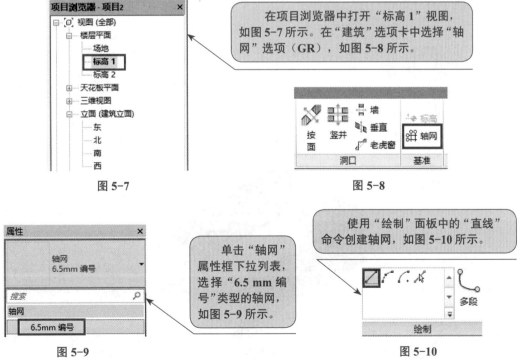

在项目浏览器中打开 "标高 1" 视图，如图 5-7 所示。在 "建筑" 选项卡中选择 "轴网" 选项（GR），如图 5-8 所示。

图 5-7   图 5-8

单击 "轴网" 属性框下拉列表，选择 "6.5 mm 编号" 类型的轴网，如图 5-9 所示。

使用 "绘制" 面板中的 "直线" 命令创建轴网，如图 5-10 所示。

图 5-9   图 5-10

第 1 章　第 2 章　第 3 章　第 4 章　第 5 章　第 6 章　第 7 章　第 8 章　第 9 章

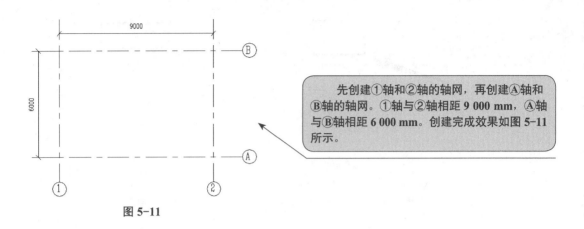

> 先创建①轴和②轴的轴网，再创建Ⓐ轴和Ⓑ轴的轴网。①轴与②轴相距 9 000 mm，Ⓐ轴与Ⓑ轴相距 6 000 mm。创建完成效果如图 5-11 所示。

图 5-11

5.2.3 创建建筑墙

在"建筑"选项卡中选择"墙：建筑"选项（WA），在选项栏中将墙的顶部约束设置为"标高 2"，如图 5-12 所示。

| 修改 \| 放置墙 | 高度： | ∨ | 标高 2 | ∨ | 8000.0 | 定位线：墙中心线 | ∨ | ☑链 |

图 5-12

> 在"绘制"面板中选择"矩形"命令，如图 5-13 所示，在轴网上创建墙体，如图 5-14 所示。墙体三维效果如图 5-15 所示。

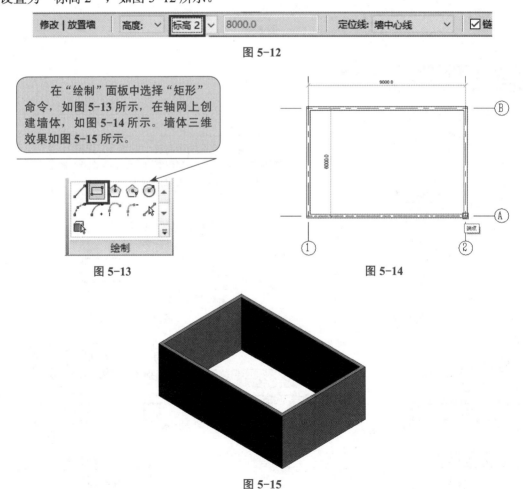

图 5-13

图 5-14

图 5-15

5.2.4 放置门窗

在"建筑"选项卡中选择"门"选项（DR），在Ⓐ轴墙体上放置门。

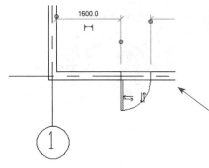

直接使用项目中自带的"单扇－与墙齐－750×2 000 mm"类型的门，在距离①轴内墙 1 600 mm 的位置放置，如图 5-16 所示。

图 5-16

在"建筑"选项卡中选择"窗"选项（WN），在项目中放置窗。

在窗的"属性"面板中单击下拉箭头，选择"1 200×1 500 mm"类型的固定窗，如图 5-17 所示。在墙体上放置窗，放置完成效果如图 5-18 所示。门窗三维效果如图 5-19 所示。

图 5-17

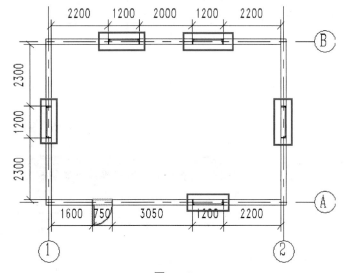

图 5-18

067

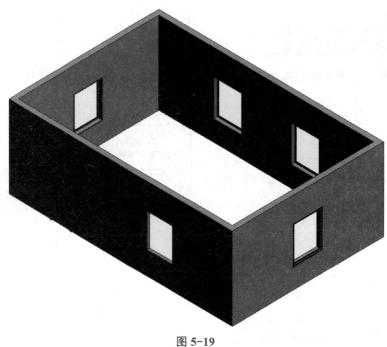

图 5-19

5.2.5 创建屋顶

在项目浏览器中切换至"标高 2"平面视图，在"建筑"选项卡中选择"屋顶"选项。

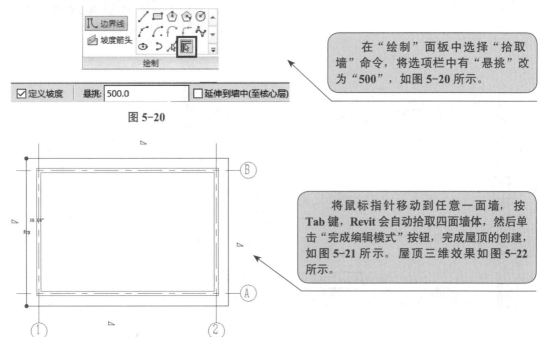

图 5-20

> 在"绘制"面板中选择"拾取墙"命令，将选项栏中有"悬挑"改为"500"，如图 5-20 所示。

图 5-21

> 将鼠标指针移动到任意一面墙，按 Tab 键，Revit 会自动拾取四面墙体，然后单击"完成编辑模式"按钮，完成屋顶的创建，如图 5-21 所示。屋顶三维效果如图 5-22 所示。

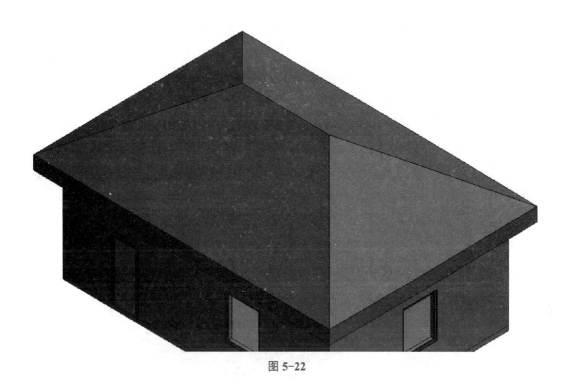

图 5-22

5.2.6 创建楼板

在项目浏览器中切换至"标高 1"平面视图,在"建筑"选项卡中选择"楼板"选项。同样使用"绘制"面板中的"拾取墙"命令进行绘制,如图 5-20 所示。

将鼠标指针移至任意一面墙,按 **Tab** 键创建楼板草图线,单击"完成编辑模式"按钮,完成楼板的创建,如图 5-23 所示。楼板三维效果如图 5-24 所示。

图 5-23

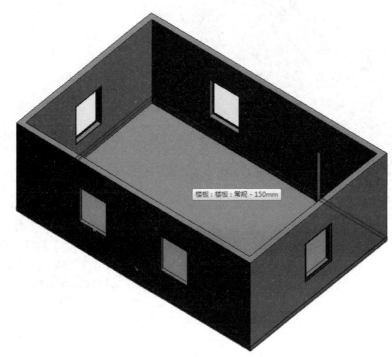

楼板：楼板：常规 - 150mm

图 5-24

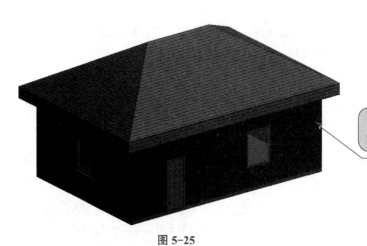

模型已绘制完成，三维
示意如图 5-25 所示。

图 5-25

CHAPTER

06

第 6 章

Revit 案例二

创建图 6-1 所示模型。

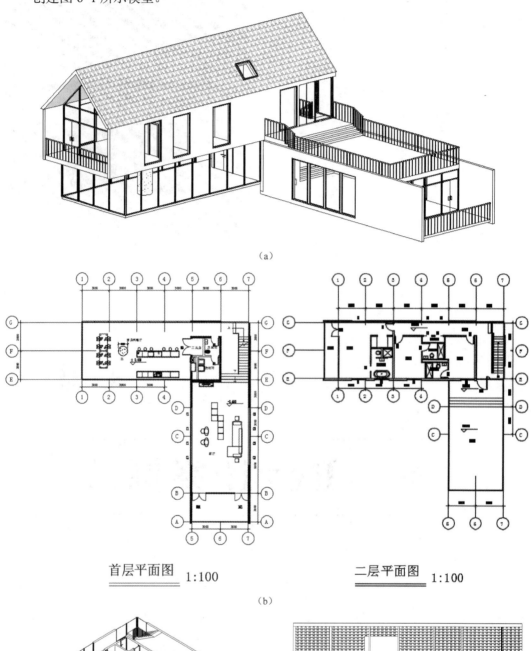

(a)

首层平面图 1:100

二层平面图 1:100

(b)

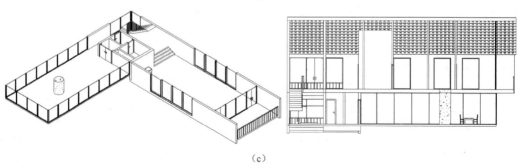

(c)

图 6-1

（a）三维图；（b）平面图；（c）剖面图

6.1 新建项目

启动 Revit 2016 软件。

图 6-2

> 单击软件左上角"应用程序菜单"按钮,选择"新建"选项卡中的"项目"选项,在弹出的"新建项目"对话框"样板文件"下拉列表中选择"建筑样板"选项,单击"确定"按钮,如图 6-2 所示。

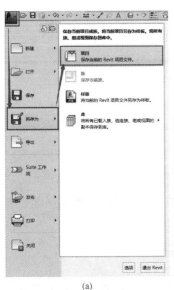

(a)

> 单击"应用程序菜单"按钮,选择"另存为"选项卡中的"项目"选项,如图 6-3(a)所示,将样板文件保存为项目文件,文件名为"两层别墅",单击"选项"按钮把"最大备份数"改为"1",如图 6-3(b)所示。保存后扩展名便会由".rte"变为".rvt"。

(b)

图 6-3

6.2 创建标高

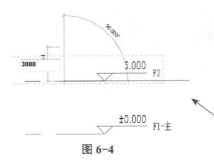

图 6-4

> 双击项目浏览器中"立面"下的任意立面视图,Revit 跳转到立面视图,系统默认设置了两个标高。双击"标高 1",把名字改为"F1-主",用同样的方法把"标高 2"的名字改为"F2"。双击"F2"的高度值"4.000",输入"3"后确定,如图 6-4 所示。

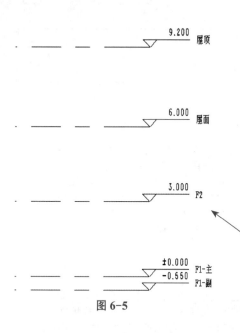

9.200 屋顶

6.000 屋面

选中"F2"标高，使用复制命令（CC），单击"F2"标高，将鼠标向上移，输入"3 000"后确定，系统会默认命名为"F3"，把标高"F3"改为"屋面"。

用同样的方法，向上复制"屋面"，输入"3 200"后确定，把名字改为"屋顶"，向下复制"屋面"，输入"6 550"后确定，把名字改为"F1-副"，如图6-5所示。

3.000 F2

±0.000 F1-主
-0.550 F1-副

图 6-5

6.3 创建轴网

6.3.1 创建平面视图

在"视图"选项卡中"创建"面板的"平面视图"下拉列表中选择"楼层平面"选项。

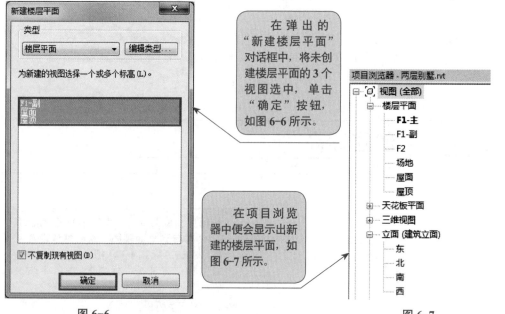

在弹出的"新建楼层平面"对话框中，将未创建楼层平面的3个视图选中，单击"确定"按钮，如图6-6所示。

在项目浏览器中便会显示出新建的楼层平面，如图6-7所示。

图 6-6

图 6-7

双击"F1-主"视图选项，进入平面视图，在"插入"选项卡中单击"导入"面板中的"导入 CAD"按钮，如图 6-8 所示。

图 6-8

6.3.2 定位 CAD 图纸

图 6-9

Revit 将会弹出"导入 CAD格式"对话框。打开"Revit 案例一"文件夹，选择首层平面图，勾选"仅当前视图"复选框，将"导入单位"改为"毫米"，如图 6-9 所示。

打开文件之后，导入的 CAD 图纸可能会由于过小而看不清，此时双击鼠标中键，视图便会缩放至全局视图，恰好显示出 CAD 底图的位置。

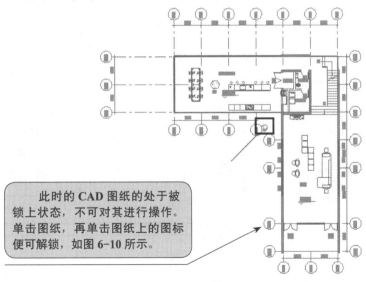

此时的 CAD 图纸的处于被锁上状态，不可对其进行操作。单击图纸，再单击图纸上的图标便可解锁，如图 6-10 所示。

图 6-10

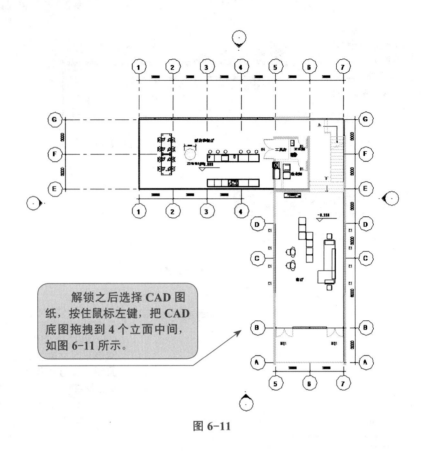

解锁之后选择 CAD 图纸，按住鼠标左键，把 CAD 底图拖拽到 4 个立面中间，如图 6-11 所示。

图 6-11

6.3.3　绘制轴网

在"建筑"选项卡"基准"面板中单击"轴网"工具，Revit 将跳转至"修改|放置 轴网"选项卡。

使用"绘制"面板中的"拾取线"工具，分别单击 CAD 底图中的①～⑦号轴网和Ⓐ～Ⓖ号轴网，轴网便会生成。选择其中一条轴网，单击"属性"框中的"编辑类型"按钮，在弹出的"类型属性"对话框中勾选"平面视图轴号端点 1（默认）"选项，如图 6-12 所示。

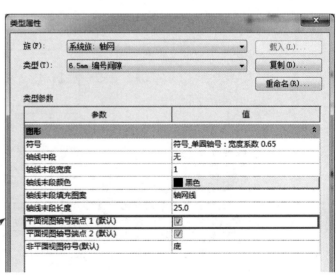

图 6-12

6.3.4　调整轴网

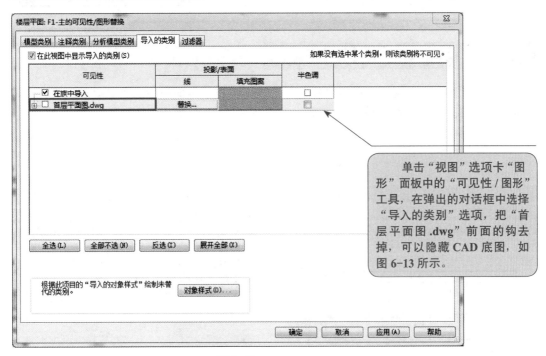

图 6-13

> 单击"视图"选项卡"图形"面板中的"可见性 / 图形"工具，在弹出的对话框中选择"导入的类别"选项，把"首层平面图 .dwg"前面的钩去掉，可以隐藏 CAD 底图，如图 6-13 所示。

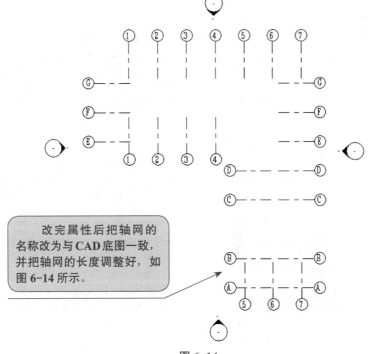

> 改完属性后把轴网的名称改为与 CAD 底图一致，并把轴网的长度调整好，如图 6-14 所示。

图 6-14

6.4 创建幕墙

6.4.1 设置幕墙的类型属性

切换至"F1-主"视图，单击"建筑"选项卡"构建"面板中的"竖梃"工具。

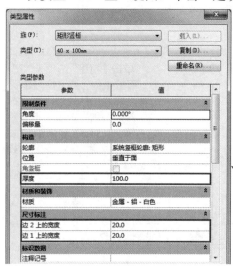

单击"属性"面板中的"编辑类型"按钮，在弹出的"类型属性"对话框中单击"复制"按钮，将名称改为"40×100 mm"后单击"确定"按钮，把"构造"区域的"厚度"改为"100"，将"尺寸标注"区域的两个宽度改为"20"，如图6-15所示。

图 6-15

切换至"F1-主"视图，单击"建筑"选项卡"构建"面板中的"墙"工具，在类型选择器里选择"幕墙"选项，单击"编辑类型"按钮，弹出"类型属性"对话框，单击"复制"按钮，将名称改为"别墅幕墙"。

在"构造"区域中勾选"自动嵌入"选项，"幕墙嵌板"选择"系统嵌板：玻璃"，"连接条件"选择"垂直网格连接"；"垂直网格"区域中的"布局"选择"固定距离","间距"为"1 500"；"水平网格"区域中的"布局"选择"固定距离"，"间距"为"3 000"；"垂直竖梃"和"水平竖梃"区域中的3个类型选择上面设置完成的竖挺："矩形竖挺：40×100 mm"，如图6-16所示。

图 6-16

6.4.2 设置幕墙的实例属性

绘制幕墙前需设置其条件与属性。

图 6-17

选择"底部限制条件"为"F1-主","顶部约束"为"直到标高：F2","顶部偏移"为"-300","垂直网格"区域的"对正"为"中心","水平网格"区域"对正"为"起点"，如图 6-17 所示。

6.4.3 绘制一层幕墙

设置完参数后开始绘制，分 3 部分按图号顺序绘制图 6-18 所示首层位置的幕墙。

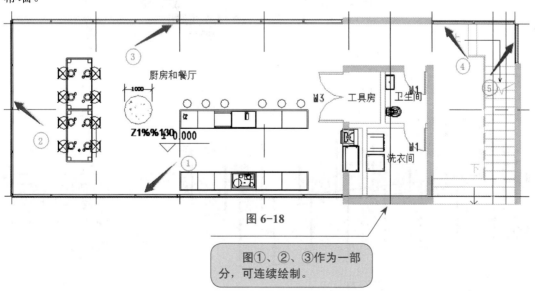

图 6-18

图①、②、③作为一部分，可连续绘制。

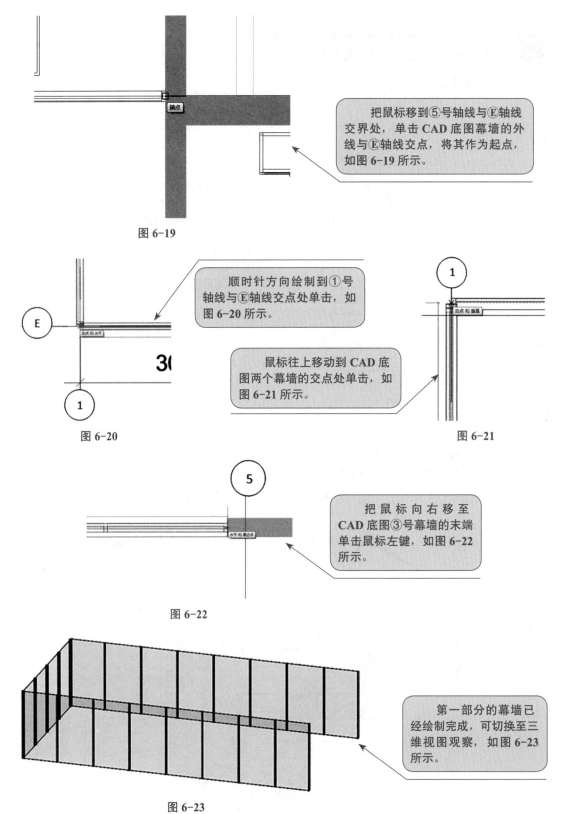

把鼠标移到⑤号轴线与Ⓔ轴线交界处，单击 CAD 底图幕墙的外线与Ⓔ轴线交点，将其作为起点，如图 6-19 所示。

图 6-19

顺时针方向绘制到①号轴线与Ⓔ轴线交点处单击，如图 6-20 所示。

鼠标往上移动到 CAD 底图两个幕墙的交点处单击，如图 6-21 所示。

图 6-20

图 6-21

把鼠标向右移至 CAD 底图③号幕墙的末端单击鼠标左键，如图 6-22 所示。

图 6-22

第一部分的幕墙已经绘制完成，可切换至三维视图观察，如图 6-23 所示。

图 6-23

在Ⓖ轴线与⑥号轴线交界附近作一个以Ⓖ轴线为参照线、向上偏移 50 mm 的参照平面；在⑦号轴线与Ⓖ轴线交界附近作一个以⑦号轴线为参照线、向右偏移 65 mm 的参照平面，如图 6-24 所示。

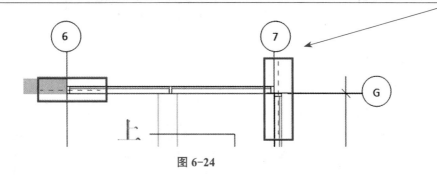

图 6-24

图 6-25

再次使用"墙"工具选择"别墅幕墙"，选择"底部限制条件"为"F1-主"，"顶部约束"为"直到标高：屋面"，"顶部偏移"为"-300"，"垂直网格"和"水平网格"区域的"对正"均为"起点"，如图 6-25 所示。

单击⑥号轴线与参照平面的交点，将其作为起点，把鼠标向右移至⑦号轴线单击生成终点，完成第二部分，如图 6-26 所示，按 Esc 键取消连续绘制。

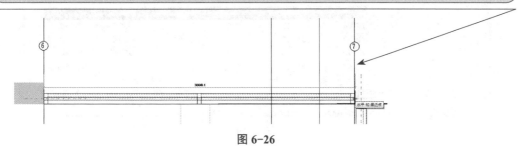

图 6-26

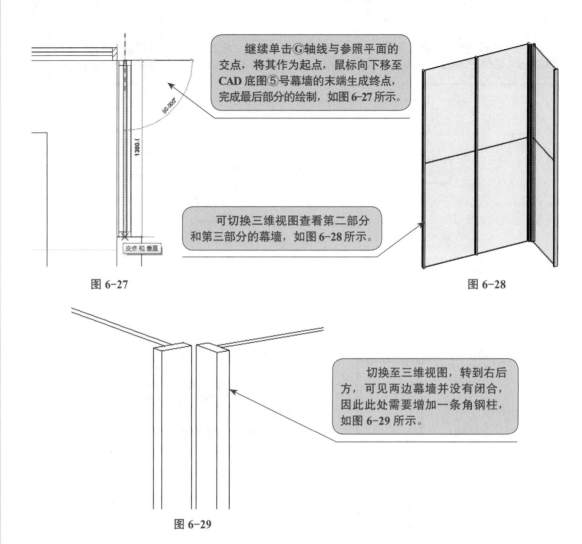

继续单击Ⓖ轴线与参照平面的交点，将其作为起点，鼠标向下移至CAD底图⑤号幕墙的末端生成终点，完成最后部分的绘制，如图6-27所示。

可切换三维视图查看第二部分和第三部分的幕墙，如图6-28所示。

图 6-27

图 6-28

切换至三维视图，转到右后方，可见两边幕墙并没有闭合，因此此处需要增加一条角钢柱，如图6-29所示。

图 6-29

单击"结构"选项卡"结构"面板中的"柱"工具，单击"属性"面板中的"编辑类型"按钮，系统弹出"类型属性"对话框，在对话框中单击"载入"按钮，在弹出的"打开"对话框中打开"China"→"结构"→"柱"→"钢"→"角钢柱"，选择第一个类型，单击"确定"按钮，如图6-30所示。

类型	W	A	d	bf	
	(全部)	(全部)	(全部)	(全部)	(全
L20x3	0.0087	0.000	20.0	20.0	3.0
L20x4	0.0112	0.000	20.0	20.0	4.0
L25x3	0.0110	0.000	25.0	25.0	3.0
L25x4	0.0143	0.000	25.0	25.0	4.0
L30x3	0.0135	0.000	30.0	30.0	3.0

图 6-30

图 6-31

单击"复制"按钮，改名为"别墅角钢柱"，将"尺寸标注"区域的"bf"改为"125"，"d"改为"125"，如图6-31所示。

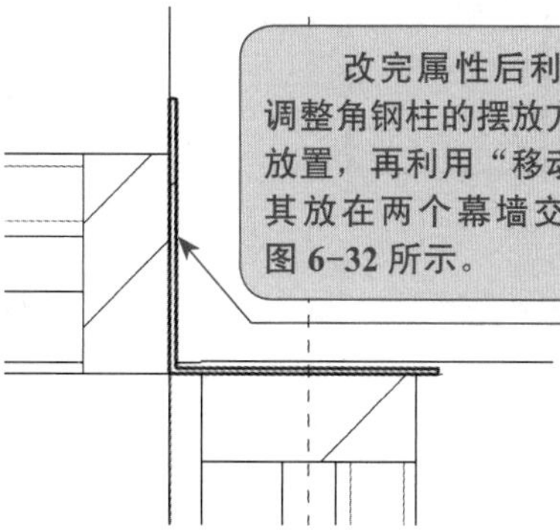

改完属性后利用空格键调整角钢柱的摆放方向后单击放置，再利用"移动"命令将其放在两个幕墙交界处，如图6-32所示。

图 6-32

图 6-33

放置后单击选中此角钢柱，在"属性"面板中修改其"顶部标高"为"屋面"，"顶部偏移"为"-300"，如图6-33所示。

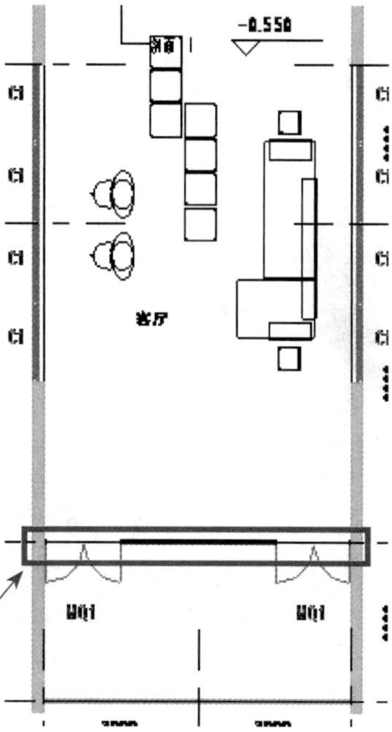

切换至"F1-副"视图，绘制客厅的幕墙，如图6-34所示。单击"建筑"选项卡"构建"面板中的"墙"工具，选择"别墅幕墙"，修改其属性。

图 6-34

图 6-35

选择"底部限制条件"为"F1-副","顶部约束"为"直到标高:F2","顶部偏移"为"-850",如图 6-35 所示。

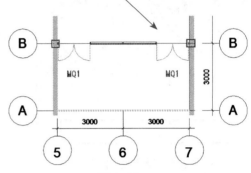

图 6-36

单击⑤号轴线与Ⓑ轴线的交点,将其为起点,单击⑦号轴线与Ⓑ轴线的交点,将其为终点,如图 6-36 所示,退出绘制状态。

切换至"南立面"视图,选中上面绘制的幕墙。

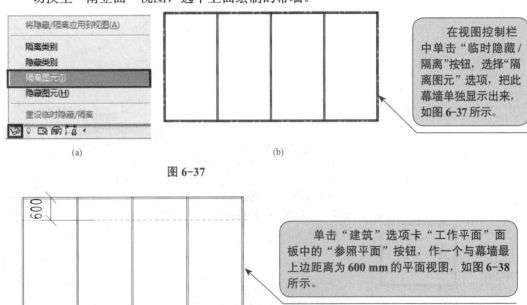

(a)　　　　(b)

图 6-37

在视图控制栏中单击"临时隐藏/隔离"按钮,选择"隔离图元"选项,把此幕墙单独显示出来,如图 6-37 所示。

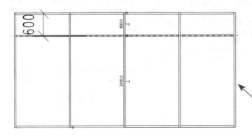

图 6-38

单击"建筑"选项卡"工作平面"面板中的"参照平面"按钮,作一个与幕墙最上边距离为 600 mm 的平面视图,如图 6-38 所示。

图 6-39

单击"建筑"选项卡"构建"面板中的"幕墙网格"按钮,把鼠标移至参照平面上单击,由于之前已设置好了竖梃,所以竖梃同时被添加,如图 6-39 所示。

利用 **Ctrl** 键选中两个下角的竖梃，单击图上的按钮进行解锁，解锁之后使用 **Delete** 键删除两个竖梃，如图 **6-40** 所示。

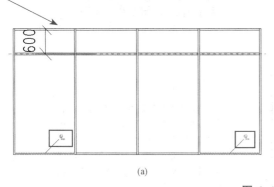
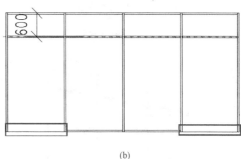

(a)　　　　　　　　　　　　　　(b)

图 6-40

在 "插入" 选项卡 "从库中载入" 面板中单击 "载入族" 工具，在弹出的 "载入族" 对话框中打开 "建筑" → "幕墙" → "门窗嵌板" → "门嵌板_双扇地弹无框玻璃门 .rfa"。

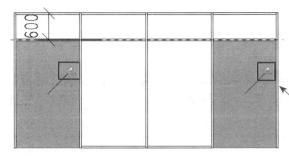

利用 **Tab** 键与 **Ctrl** 键选中两边的系统嵌板，单击 "解锁" 按钮，如图 6-41 所示。

图 6-41

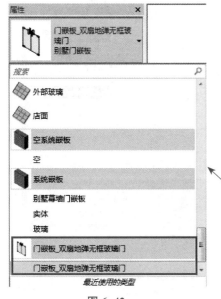

解锁后在 "属性" 面板的类型选择器中把 "系统嵌板" 换为 "门嵌板_双扇地弹无框玻璃门"，如图 6-42 所示。

图 6-42

085

图 6-43

単击"编辑类型"按钮，在弹出的"类型属性"对话框中单击"重命名"按钮，把名称改为"别墅门嵌板"，如图 6-43 所示。

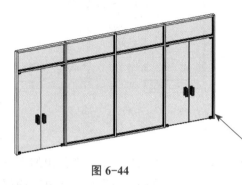

图 6-44

在视图控制栏中单击"临时隐藏 / 隔离"工具，选择"重设临时隐藏 / 隔离"选项，把其他视图显示出来。切换至三维视图，可以看到幕墙已经成型，如图 6-44 所示。

6.4.4 绘制二层阳台幕墙

切换至"F2"视图，在"插入"选项卡"导入"面板中单击"导入 CAD"工具，打开"Revit 案例一"文件夹→"二层平面图 .dwg"，导入条件跟"一层平面图 .dwg"一样，如图 6-45 所示，把 CAD 图纸导入后与原图对齐。

图 6-45

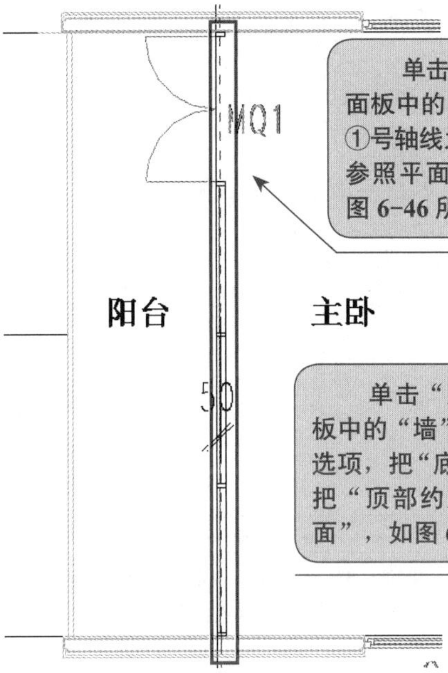

单击"建筑"选项卡"工作平面"面板中的"参照平面"工具，作一个以①号轴线为参照线，向右偏移 50 mm 的参照平面，作为幕墙的中线参照，如图 6-46 所示。

单击"建筑"选项卡"构建"面板中的"墙"工具，选择"别墅幕墙"选项，把"底部限制条件"改为"F2"，把"顶部约束"改为"直到标高：屋面"，如图 6-47 所示。

图 6-46

图 6-47

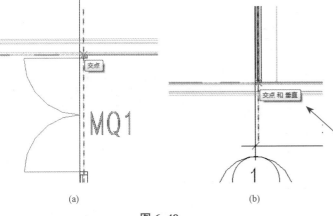

(a)　　　　　　　　(b)

图 6-48

单击Ｇ轴线与参照平面的交点，把鼠标向下移至Ｅ轴线与参照平面的交点，单击鼠标左键，如图 6-48 所示，退出绘制状态。

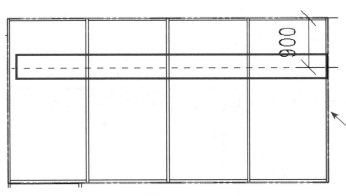

切换至"西立面"视图，单击"参照平面"工具，绘制一个从"屋面"标高向下偏移 900 mm 的参照平面，如图 6-49 所示。

图 6-49

第 1 章　第 2 章　第 3 章　第 4 章　第 5 章　第 6 章　第 7 章　第 8 章　第 9 章

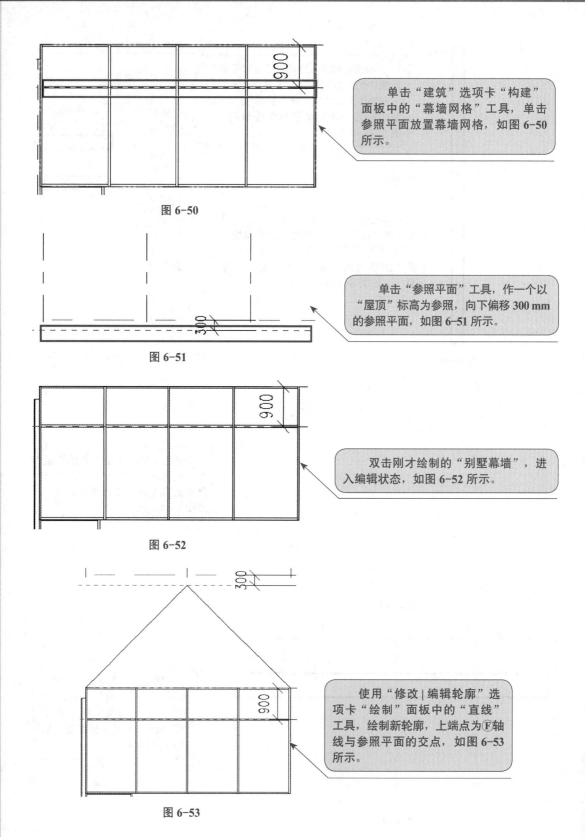

图 6-50

单击"建筑"选项卡"构建"面板中的"幕墙网格"工具，单击参照平面放置幕墙网格，如图 6-50 所示。

图 6-51

单击"参照平面"工具，作一个以"屋顶"标高为参照，向下偏移 300 mm 的参照平面，如图 6-51 所示。

图 6-52

双击刚才绘制的"别墅幕墙"，进入编辑状态，如图 6-52 所示。

图 6-53

使用"修改 | 编辑轮廓"选项卡"绘制"面板中的"直线"工具，绘制新轮廓，上端点为Ⓕ轴线与参照平面的交点，如图 6-53 所示。

此时若单击"完成编辑模式"按钮会提示错误，单击"删除图元"按钮，如图 6-54 所示。

图 6-54

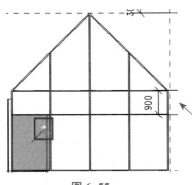

绘制完成后利用 Tab 键选中"别墅幕墙"左下方的"系统嵌板"，单击图中的图标解锁，如图 6-55 所示。

图 6-55

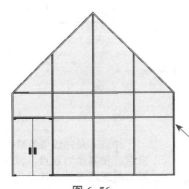

解锁后在"属性"面板的类型选择器中选择"别墅门嵌板"选项，方法同制作客厅的幕墙。可切换至三维视图观察效果，如图 6-56 所示。

图 6-56

6.4.5 绘制二层楼梯口幕墙

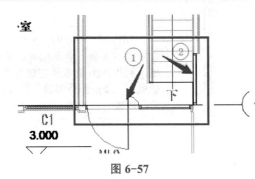

切换至"F2"视图，此处的幕墙分成①、②两部分绘制，如图 6-57 所示。

图 6-57

第1章 第2章 第3章 第4章 第5章 第6章 第7章 第8章 第9章

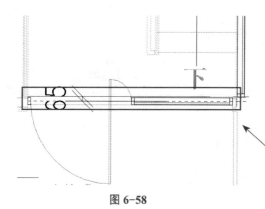

图 6-58

先绘制第 1 部分的幕墙，使用"参照平面"工具，在⑥号和⑦号轴线中间，绘制一个以Ⓔ轴为参照线，向下偏移 65 mm 的参照平面，如图 6-58 所示。

使用"墙"工具，选择"别墅幕墙"选项，修改"底部限制条件"为"F2"，"顶部约束"为"直到标高：屋面"，"顶部偏移"为"−300"，如图 6-59 所示。

图 6-59

单击⑥号轴线与参照平面的交点，将其作为起点，鼠标向右移至底图幕墙的末端单击作为终点，如图 6-60 所示。

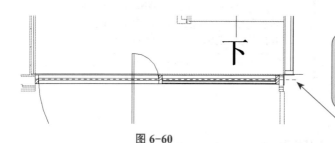

图 6-60

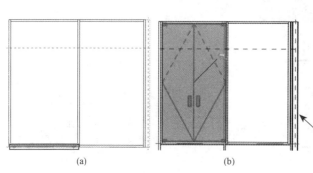

(a)   (b)

图 6-61

切换至"南立面"视图，选择左下角的竖梃，将其删除，单击幕墙，利用 Tab 键选择左边的"系统嵌板"，单击图标解锁，更换为"别墅门嵌板"，如图 6-61 所示。

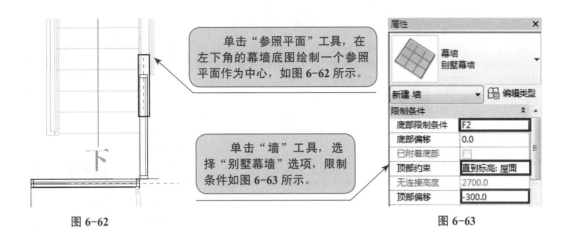

单击"参照平面"工具，在左下角的幕墙底图绘制一个参照平面作为中心，如图 6-62 所示。

单击"墙"工具，选择"别墅幕墙"选项，限制条件如图 6-63 所示。

图 6-62

图 6-63

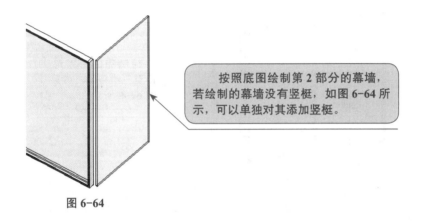

按照底图绘制第 2 部分的幕墙，若绘制的幕墙没有竖梃，如图 6-64 所示，可以单独对其添加竖梃。

图 6-64

单击"建筑"选项卡"构建"面板中的"竖梃"按钮，Revit 跳转至"修改 | 放置 竖梃"选项卡，选择"放置"面板中的"全部网格线"工具，单击没有竖梃的幕墙则可自动添加竖梃，如图 6-65 所示。绘制完成可以看到与上面幕墙的转角相似，没有闭合，因此此处需要增加一根角钢柱。

(a)

(b)

图 6-65

第 1 章　第 2 章　第 3 章　第 4 章　第 5 章　第 6 章　第 7 章　第 8 章　第 9 章

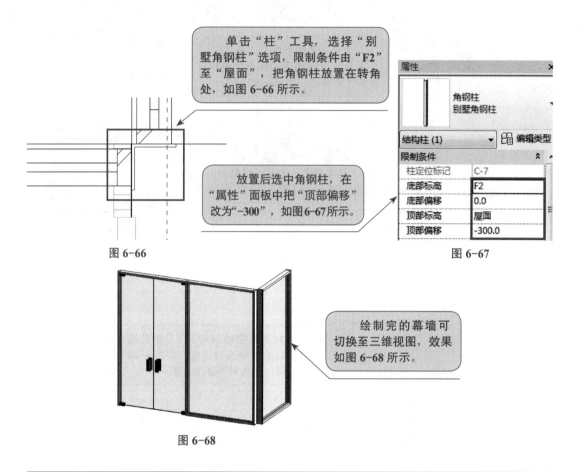

单击"柱"工具,选择"别墅角钢柱"选项,限制条件由"F2"至"屋面",把角钢柱放置在转角处,如图6-66所示。

属性

角钢柱
别墅角钢柱

结构柱 (1) ▼ 编辑类型

限制条件 ▲

柱定位标记	C-7
底部标高	F2
底部偏移	0.0
顶部标高	屋面
顶部偏移	-300.0

放置后选中角钢柱,在"属性"面板中把"顶部偏移"改为"-300",如图6-67所示。

图 6-66

图 6-67

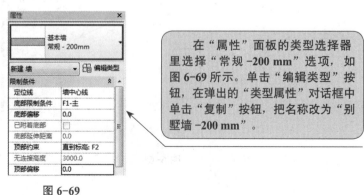

绘制完的幕墙可切换至三维视图,效果如图6-68所示。

图 6-68

6.5 创建建筑墙

6.5.1 绘制一层墙

切换至"F1-主"视图,在"建筑"选项卡"构建"面板的"墙"工具下拉列表中选择"墙:建筑"选项。

属性

基本墙
常规 - 200mm

新建 墙 ▼ 编辑类型

限制条件 ▲

定位线	墙中心线
底部限制条件	F1-主
底部偏移	0.0
已附着底部	☐
底部延伸距离	0.0
顶部约束	直到标高: F2
无连接高度	3000.0
顶部偏移	0.0

在"属性"面板的类型选择器里选择"常规 -200 mm"选项,如图6-69所示。单击"编辑类型"按钮,在弹出的"类型属性"对话框中单击"复制"按钮,把名称改为"别墅墙 -200 mm"。

图 6-69

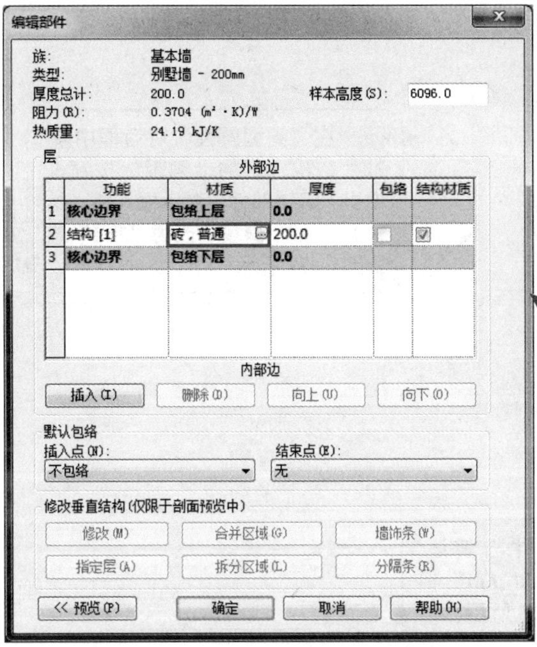

图 6-70

在"类型属性"对话框中单击"结构"后的"编辑"按钮，在弹出的"编辑部件"对话框中，单击层 2 的材质，进入"材质浏览器"对话框，在左侧的项目材质中选择"砖，普通"选项，完成墙的创建，如图 6-70 所示。

在"属性"面板的"限制条件"区域调好限制参数，选择"定位线"为"墙中心线"，"底部限制条件"为"F1-主"，"顶部约束"为"直到标高：F2"，"顶部偏移"为"-300"，如图 6-71 所示。

图 6-71

绘制 E、F、G 轴与 ⑤ 号、⑥ 号轴线相交的墙体，顺时针方向对齐 CAD 底图绘制，如图 6-72 所示。

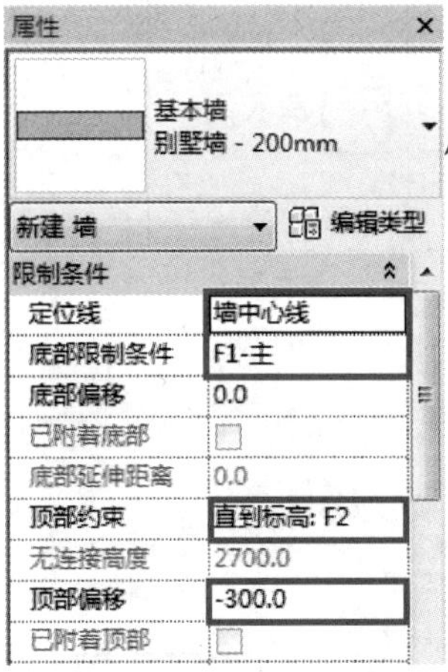

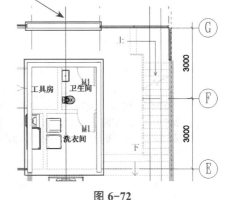

图 6-72

图 6-73

绘制完单击"属性"面板中的"编辑类型"按钮，在弹出的"类型属性"对话框中把名称改为"别墅墙 -165 mm"，如图 6-73 所示。

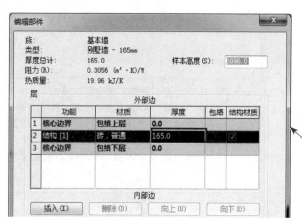

在"类型属性"对话框中单击"结构"后的"编辑"按钮，弹出"编辑部件"对话框，将"结构 [1]"的"厚度"改为"165"，如图 6-74 所示。

图 6-74

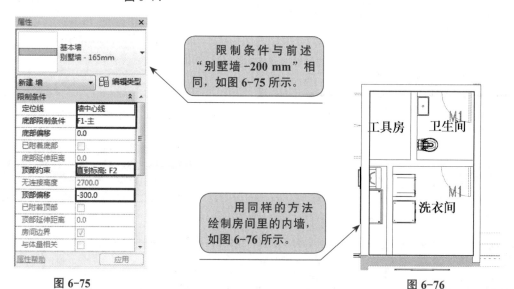

限制条件与前述"别墅墙 –200 mm"相同，如图 6-75 所示。

用同样的方法绘制房间里的内墙，如图 6-76 所示。

工具房　卫生间

洗衣间

M1

M1

图 6-75

图 6-76

复制"别墅墙 –165 mm"，将名称改为"别墅墙 –285 mm"，按照上述操作方法单击"结构"后的"编辑"按钮，把"厚度"改为"285"，如图 6-77 所示。

限制条件如图 6-78 所示。

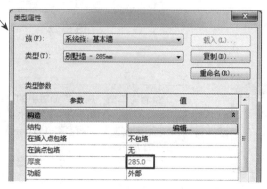

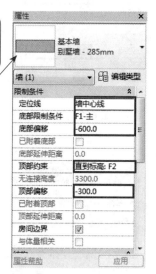

图 6-77

图 6-78

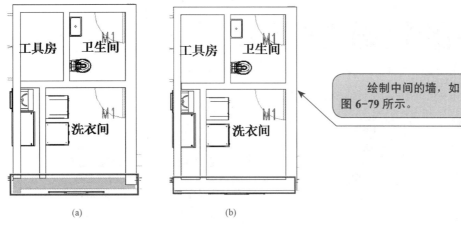

(a)　　　　　　　　　　(b)

图 6-79

绘制中间的墙，如
图 6-79 所示。

单击"墙"工具，选择"别
墅墙 -200 mm"选项，设置限
制条件，如图 6-80 所示。

绘制⑤号轴线和⑦
号轴线两边的墙体，如
图 6-81 所示。

图 6-80

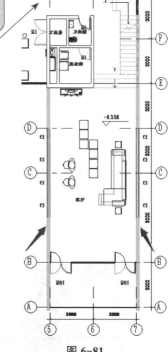

图 6-81

绘制完一层的墙体
可切换至三维视图看其
效果，如图 6-82 所示。

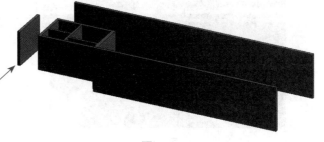

图 6-82

6.5.2 绘制二层墙

单击"墙"工具,选择"别墅墙 –200 mm"选项。

在"属性"面板中设置"底部限制条件"为"F2","顶部约束"为"直到标高:屋面","底部偏移"为 –300,如图 6-83 所示。

图 6-83

修改完参数开始绘制,使用"直线"工具按顺时针方向绘制图 6-84所示的四面墙,图中的墙为绘制完的效果。

图 6-84

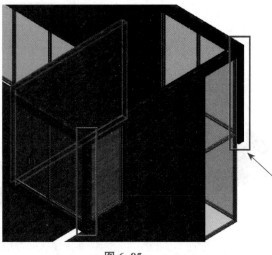

绘制完成切换至三维视图,发现幕墙的转角处被墙给挡住了,如图 6-85 所示。

图 6-85

切换至"东立面"视图，双击东立面上的墙进入编辑状态，如图 6-86 所示。

把轮廓改为图 6-87 所示，完成绘制，退出编辑模式。

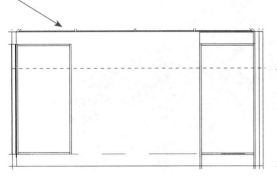

图 6-86

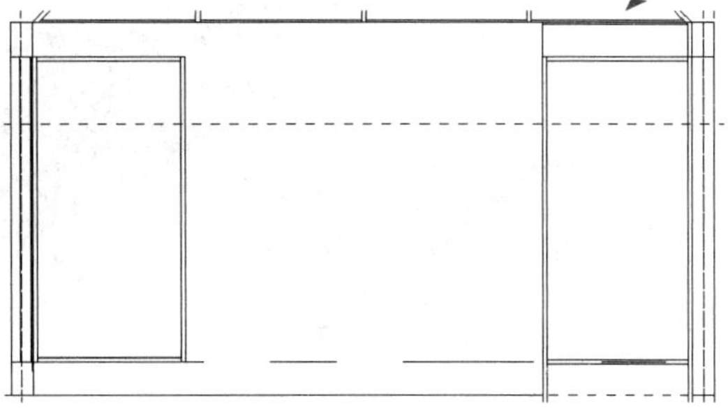

图 6-87

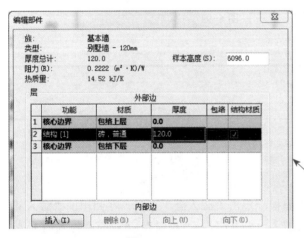

图 6-88

单击"墙"工具，在"属性"面板中选择"别墅墙–200 mm"选项，单击"编辑类型"按钮，在弹出的"类型属性"对话框中复制"别墅墙–200 mm"，命名为"别墅墙–120 mm"，单击"结构"后的"编辑"按钮，在弹出的"编辑部件"对话框中把"厚度"改为"120"，如图 6-88 所示。

图 6-89

完成创建之后设置"底部限制条件"为"F2"，"顶部约束"为"直到标高：屋面"，如图 6-89 所示。

绘制图 6-90 中剩下的所有内墙。

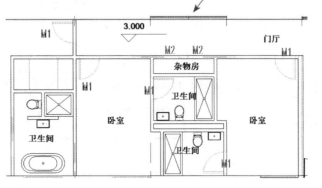

图 6-90

097

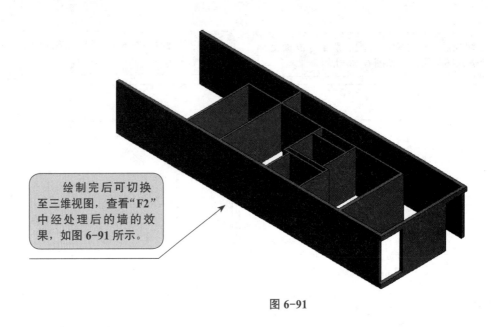

绘制完后可切换至三维视图，查看"F2"中经处理后的墙的效果，如图 6-91 所示。

图 6-91

6.6 放置门窗

6.6.1 放置门

在"插入"选项卡"从库中载入"面板中单击"载入族"工具，在弹出的"载入族"对话框中打开"建筑"→"门"→"普通门"→"平开门"→"双扇"→"双面嵌板木门 1.rfa"。切换至"F1"视图，单击"建筑"选项卡"构建"面板中的"门"工具。

在类型选择器里选择刚载入的"双面嵌板木门1"，单击"编辑类型"按钮，在弹出的"类型属性"对话框中复制新的门类型并命名为"M3"，把"高度"改为"2 100"，把"宽度"改为"1 730"。单击"确定"按钮完成创建，如图 6-92 所示。

图 6-92

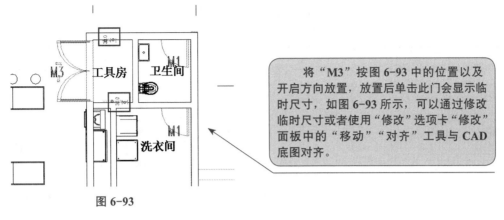

将"M3"按图 6-93 中的位置以及开启方向放置，放置后单击此门会显示临时尺寸，如图 6-93 所示，可以通过修改临时尺寸或者使用"修改"选项卡"修改"面板中的"移动""对齐"工具与 CAD 底图对齐。

图 6-93

再次使用"载入族"命令，在弹出的"载入族"对话框中打开"建筑"→"门"→"普通门"→"平开门"→"单扇"→"单嵌板木门 1.rfa"。载入后单击"门"工具。

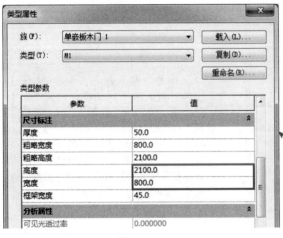

在类型选择器里选择刚载入的"单嵌板木门 1"，按照上述操作方法复制一个新门类型，命名为"M1"，把"高度"改为"2 100"，把"宽度"改为"800"，如图 6-94 所示。

图 6-94

把门放置在图 6-95 所示的位置，若门与 CAD 底图的开启方向相反，按空格键可更改门的方向。

放置完使用与"M3"同样的方法使其与 CAD 底图对齐，如图 6-96 所示。

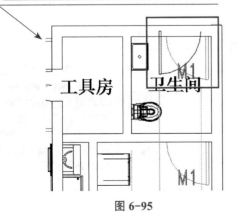

图 6-95

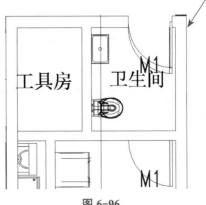

图 6-96

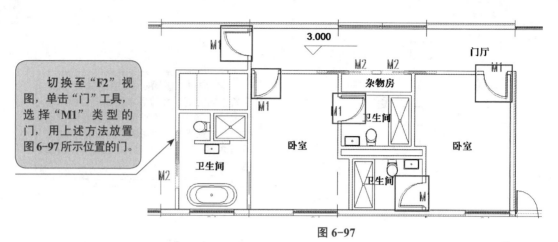

切换至"F2"视图，单击"门"工具，选择"M1"类型的门，用上述方法放置图6-97所示位置的门。

图 6-97

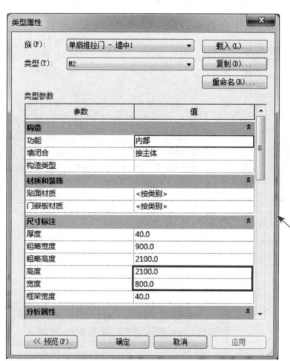

图 6-98

单击"载入族"工具，在弹出的"载入族"对话框中打开"建筑"→"门"→"普通门"→"推拉门"→"单扇推拉门-墙中1.rfa"。单击"门"工具，按上述操作方法复制一个新类型并命名为"M2"，把"高度"改为"2 100"，把"宽度"改为"800"，如图6-98所示。

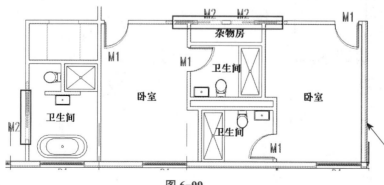

图 6-99

按图6-99所示放置3个"M2"类型的门，方法同上，使用空格键控制门的开启方向，放置完成后利用"移动"或"对齐"命令使其与CAD底图对齐。

6.6.2　放置窗

切换至"F1"视图，单击"插入"选项卡"从库载入"面板中的"载入族"工具，在弹出的"载入族"对话框中打开"建筑"→"窗"→"普通窗"→"固定窗"→"固定窗 .rfa"。

此时，弹出"指定类型"对话框，选择其中一个类型，如图 6-100 所示。

图 6-100

单击"建筑"选项卡"构建"面板中的"窗"工具，在类型选择器里选择载入的"固定窗"。

在"属性"面板中单击"编辑类型"按钮，在弹出的"类型属性"对话框中复制一个新类型并命名为"C1"，把"高度"改为"2 700"，把"宽度"改为"1 500"，如图 6-101 所示。

类型属性

族(F):	固定窗	▼	载入(L)...
类型(T):	C1	▼	复制(D)...
			重命名(R)...

类型参数

参数	值
尺寸标注	☆
粗略宽度	1500.0
粗略高度	2700.0
高度	2700.0
宽度	1500.0
分析属性	☆
可见光透过率	
日光得热系数	
传热系数(U)	
分析构造	<无>
热阻(R)	
标识数据	☆
类型图像	
注释记号	

图 6-101

修改其限制条件，把"底高度"改为"-550"，如图 6-102 所示。

属性

固定窗
C1

新建 窗　▼　🔲 编辑类型

限制条件	☆
底高度	-550.0
图形	☆
高窗平面	☐
通用窗平面	☑
标识数据	☆
图像	
注释	
标记	

图 6-102

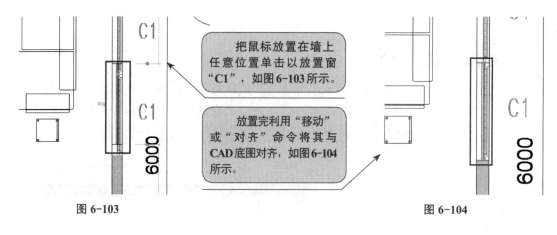

把鼠标放置在墙上任意位置单击以放置窗"C1"，如图6-103所示。

放置完利用"移动"或"对齐"命令将其与CAD底图对齐，如图6-104所示。

图 6-103　　　　　　　　　　　　　　　　　　图 6-104

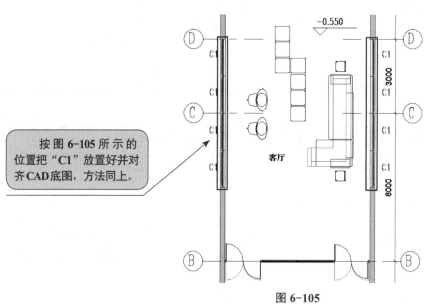

按图 6-105 所示的位置把"C1"放置好并对齐CAD底图，方法同上。

图 6-105

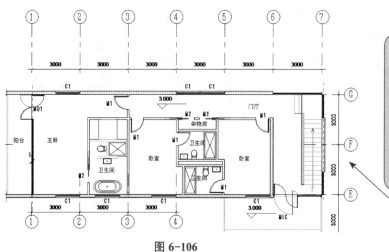

切换至"F2"视图，单击"窗"工具，在类型选择器里选择窗"C1"，在"属性"面板中把限制条件中的"底高度"改为"0"。用同样的方法把窗放置在正确的位置上，如图6-106所示。

图 6-106

6.7 创建楼板

6.7.1 绘制一层楼板

切换至"F1"视图，在"建筑"选项卡"构建"面板的"楼板"下拉列表中选择"楼板：建筑"选项，在"属性"面板的类型选择器里选择"常规 –150 mm"选项，单击"编辑类型"按钮，在弹出的"类型属性"对话框中复制一个新类型并命名为"别墅楼板 –150 mm"。

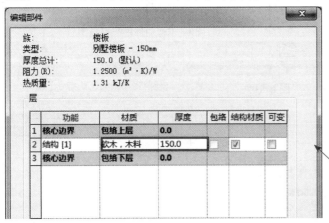

在"类型属性"对话框中单击"结构"后面的"编辑"按钮，弹出"编辑部件"对话框，在该对话框中单击"层2"的"材质"，自动弹出"材质浏览器"对话框，选择"软木，木料"，如图 6-107 所示，完成楼板的创建。

图 6-107

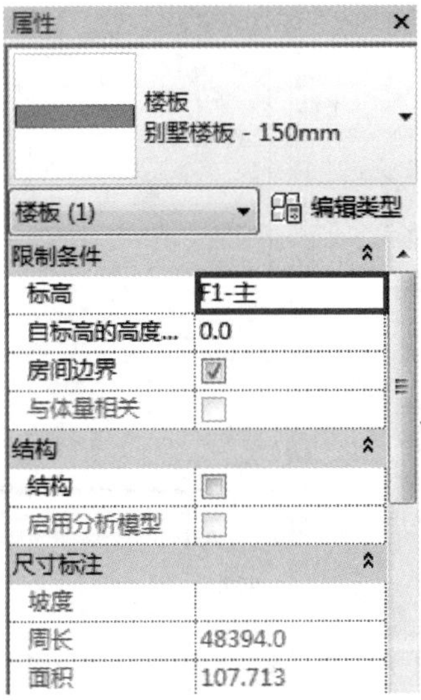

在"属性"面板中把"限制条件"区域的"标高"修改为"F1-主"，如图 6-108 所示。

图 6-108

第1章 第2章 第3章 第4章 第5章 第6章 第7章 第8章 第9章

使用"修改 | 创建楼层边界"选项卡"绘制"面板中的"直线"工具,在绘图区域绘制图 6-109 所示的轮廓,绘制完成后单击"完成编辑模式"按钮。

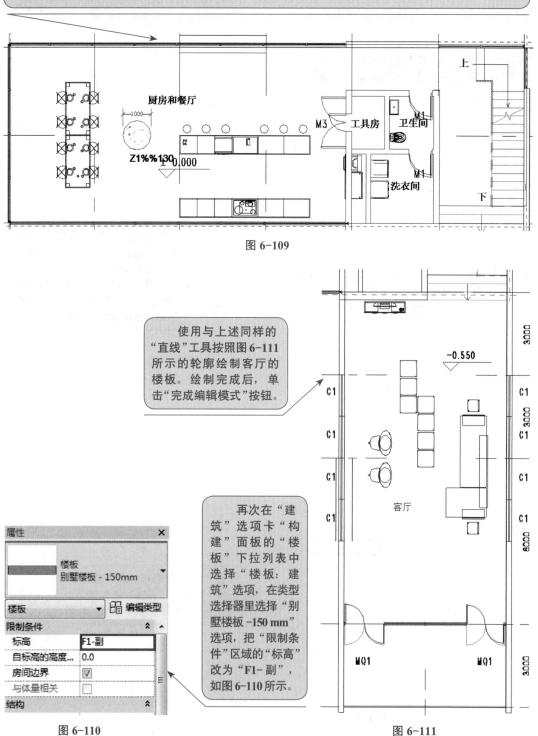

图 6-109

使用与上述同样的"直线"工具按照图 6-111 所示的轮廓绘制客厅的楼板。绘制完成后,单击"完成编辑模式"按钮。

再次在"建筑"选项卡"构建"面板的"楼板"下拉列表中选择"楼板:建筑"选项,在类型选择器里选择"别墅楼板 -150 mm"选项,把"限制条件"区域的"标高"改为"F1- 副",如图 6-110 所示。

图 6-110

图 6-111

6.7.2 绘制二层楼板

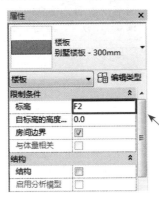

切换至"F2"视图，选择"楼板：建筑"工具，在"属性"面板中选择"别墅楼板-150 mm"选项。把"限制条件"区域的"标高"改为"F2"，如图 6-112 所示。

图 6-112

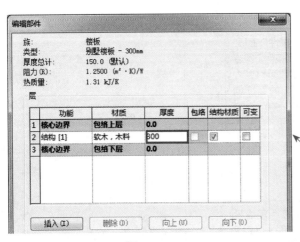

在"属性"面板中单击"编辑类型"按钮，在弹出的"类型属性"对话框中复制一个新类型并命名为"别墅楼板-300 mm"，在"类型属性"对话框中单击"结构"后的"编辑"按钮，把"厚度"改为"300"，如图 6-113 所示。

图 6-113

使用"直线"工具按图 6-114 所示的轮廓绘制二层楼板。

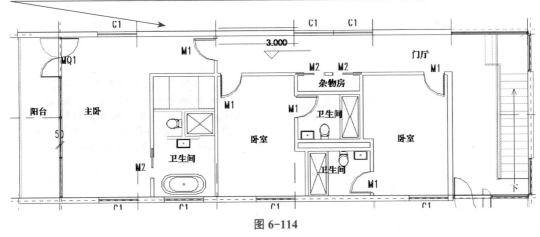

图 6-114

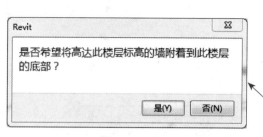

图 6-115

绘制完之后单击"完成绘制模式"按钮,系统会弹出一个对话框,提示:"是否希望将高达此楼层标高的墙附着到此楼层的底部?",如图 6-115 所示,单击"否"按钮即可。

6.7.3 绘制露台楼板

再次使用"楼板:建筑"工具,在"属性"面板中选择"别墅楼板 –300 mm"选项。

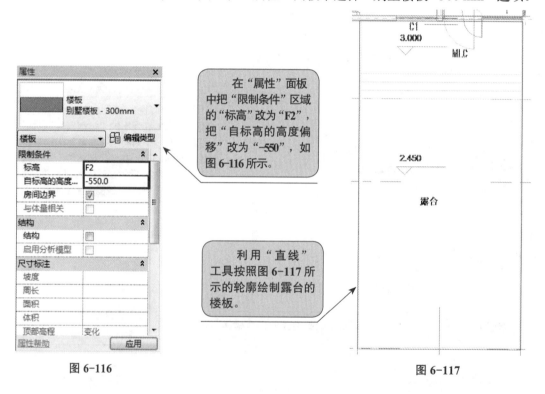

在"属性"面板中把"限制条件"区域的"标高"改为"F2",把"自标高的高度偏移"改为"–550",如图 6-116 所示。

利用"直线"工具按照图 6-117 所示的轮廓绘制露台的楼板。

图 6-116   图 6-117

图 6-118

单击"完成绘制模式"按钮后若弹出图 6-118 所示的对话框:"项目中未载入跨方向符号族。是否要现在载入?",跟上述一样,单击"否"按钮即可。

6.8 创建屋顶

6.8.1 绘制屋顶

切换至"西立面"视图，使用"参照平面"工具，单击"绘制"面板中的"拾取线"工具。

> 在选项栏中把"偏移量"改为"200"，如图 6-119 所示。

图 6-119

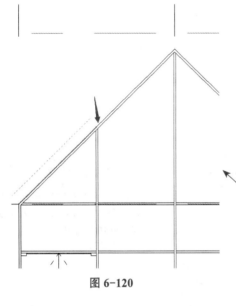

> 把光标移到屋面的幕墙最外边，此刻被光标指到的线会变成深色，并且外面还有一条虚线，这条虚线就是被选中的幕墙边偏移 200 mm 的参照平面，如图 6-120 所示。

图 6-120

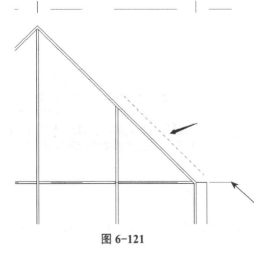

> 单击后生成参照平面，用同样的方法在右边的幕墙也作一个偏移 200 mm 的参照平面，如图 6-121 所示。

图 6-121

107

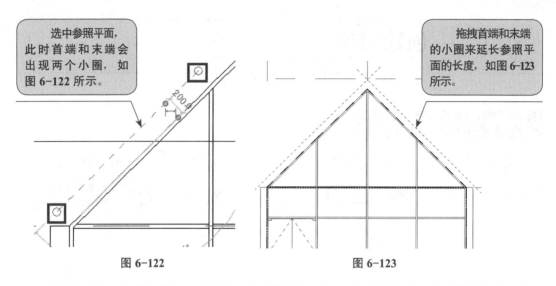

选中参照平面，此时首端和末端会出现两个小圈，如图 6-122 所示。

拖拽首端和末端的小圈来延长参照平面的长度，如图 6-123 所示。

图 6-122   图 6-123

选择"建筑"选项卡"构建"面板中的"屋顶"工具，在其下拉列表中选择"拉伸屋顶"选项，系统会弹出"工作平面"对话框。

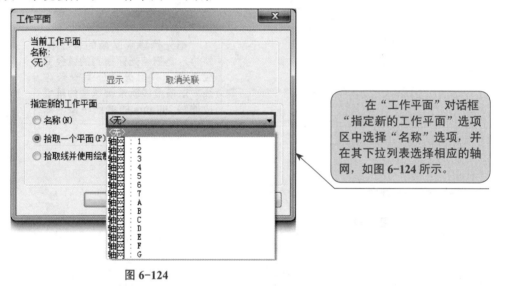

在"工作平面"对话框"指定新的工作平面"选项区中选择"名称"选项，并在其下拉列表选择相应的轴网，如图 6-124 所示。

图 6-124

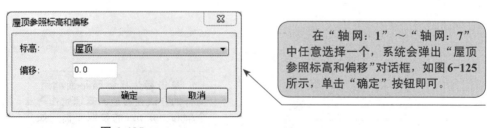

在"轴网：1"～"轴网：7"中任意选择一个，系统会弹出"屋顶参照标高和偏移"对话框，如图 6-125 所示，单击"确定"按钮即可。

图 6-125

单击"属性"面板中的"编辑类型"按钮，在弹出的"类型属性"对话框中单击"复制"按钮，将新类型命名为"别墅屋顶 -200 mm"。

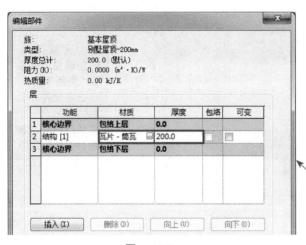

图 6-126

完成后，单击"结构"后的"编辑"按钮，在弹出的"编辑部件"对话框里，单击"层 2"的"材质"，进入"材质浏览器"对话框，选择"瓦片－筒瓦"材质，确定后再把"层 2"的"厚度"改为"200"，如图 6-126 所示。

图 6-127

完成屋顶类型创建后，在"属性"面板的"构造"区域中把"橡截面"改为"垂直双截面"，如图 6-127所示。

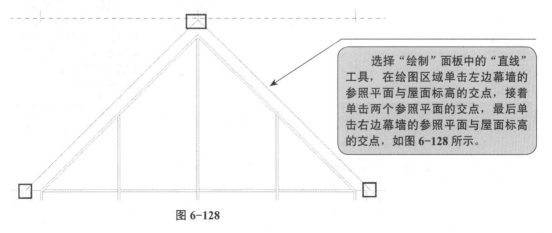

图 6-128

选择"绘制"面板中的"直线"工具，在绘图区域单击左边幕墙的参照平面与屋面标高的交点，接着单击两个参照平面的交点，最后单击右边幕墙的参照平面与屋面标高的交点，如图 6-128 所示。

第 1 章　第 2 章　第 3 章　第 4 章　第 5 章　第 6 章　第 7 章　第 8 章　第 9 章

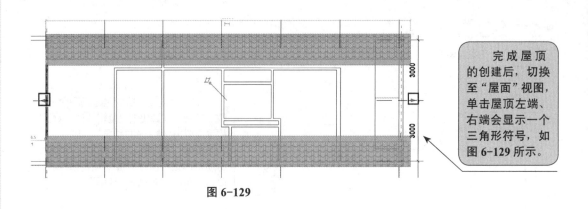

图 6-129

完成屋顶的创建后，切换至"屋面"视图，单击屋顶左端、右端会显示一个三角形符号，如图 6-129 所示。

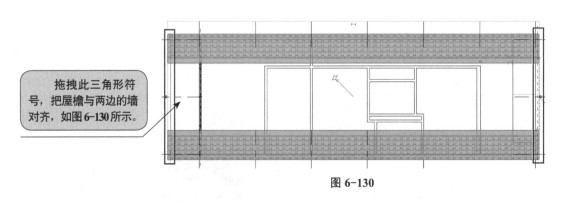

拖拽此三角形符号，把屋檐与两边的墙对齐，如图 6-130 所示。

图 6-130

6.8.2　放置天窗

切换至"屋顶"视图，选择"插入"选项卡"导入"面板中的"导入 CAD 格式"工具，选择"屋顶平面图.dwg"，如图 6-131 所示。

图 6-131

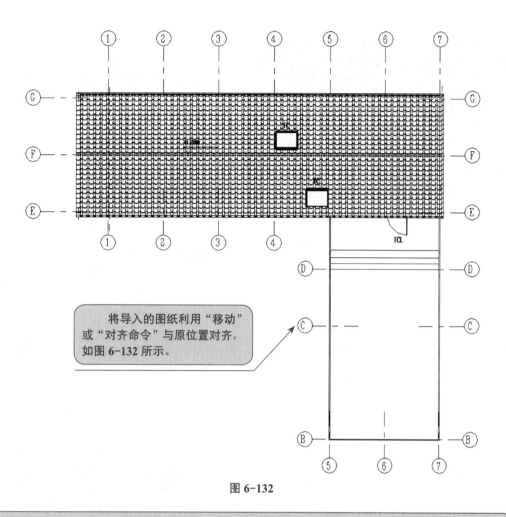

图 6-132

将导入的图纸利用"移动"或"对齐命令"与原位置对齐，如图 6-132 所示。

选择"载入族"工具，在弹出的"载入族"对话框中打开"建筑"→"窗"→"普通窗"→"天窗"→"天窗 .rfa"文件，如图 6-133 所示。

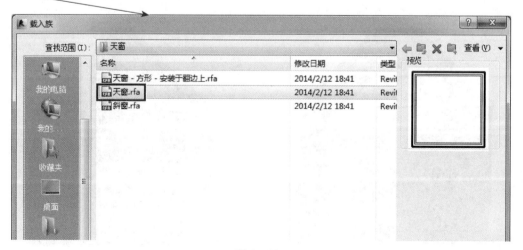

图 6-133

载入后选择"窗"工具，选择载入的"天窗"，在"属性"面板中单击"编辑类型"按钮，在弹出的"类型属性"对话框中复制一个新类型并命名为"别墅天窗"，把"高度"改为"1170"，把"宽度"改为"1180"，如图6-134所示。

确定后，把光标移至CAD底图的天窗大概位置上，单击鼠标放置，如图6-135所示。

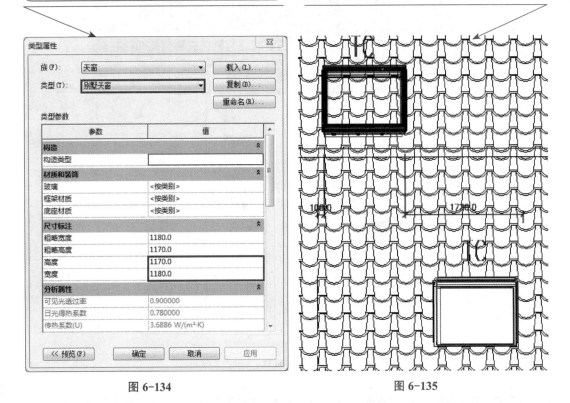

图 6-134

图 6-135

切换至三维视图，利用Ctrl键选中"F2"中的所有墙，如图6-136所示，会跳转到"修改|墙"选项卡，选择"修改墙"面板中的"附着顶部/底部"工具，再单击屋顶把墙都附着上去，如图6-137所示。

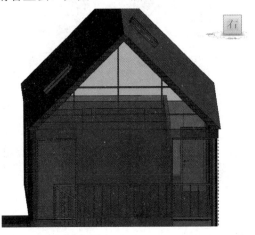

图 6-136

图 6-137

112

6.9 创建楼梯及栏杆

6.9.1 绘制一层楼梯

切换至"F1-主"视图，选择"建筑"选项卡"楼梯坡道"面板中的"楼梯"工具，在其下拉列表中选择"楼梯（按构件）"选项，在选项栏中修改其参数，如图 6-138 所示。

| 定位线： | 梯段：中心 | ▼ | 偏移量： | 0.0 | 实际梯段宽度： | 1120.0 | | ☑ 自动平台 |

图 6-138

单击"属性"面板中的"编辑类型"按钮，在弹出的"类型属性"对话框的"族"下拉列表中选择"系统族：现场浇注楼梯"选项，复制一个新类型并命名为"别墅楼梯"，修改其属性，如图 6-139 所示。

完成创建后，返回"属性"面板，修改限制条件，把"所需踢面数"修改为"17"，如图 6-140 所示。

类型属性

族(F)：	系统族：现场浇注楼梯	▼	载入(L)...
类型(T)：	别墅楼梯	▼	复制(D)...
			重命名(R)...

类型参数

参数	值
计算规则	
最大踢面高度	180.0
最小踏板深度	280.0
最小梯段宽度	1120
计算规则	编辑...
构造	
梯段类型	150mm 结构深度
平台类型	300mm 厚度
功能	内部
支撑	
右侧支撑	无
右侧支撑类型	<无>
右侧侧向偏移	0.0
左侧支撑	无
左侧支撑类型	<无>

| << 预览(P) | 确定 | 取消 | 应用 |

图 6-139

属性

现场浇注楼梯
别墅楼梯

| 楼梯 | ▼ | 🔲 编辑类型 |

限制条件	
底部标高	F1-主
底部偏移	0.0
顶部标高	F2
顶部偏移	
所需的楼梯高度	3000.0
多层顶部标高	无
结构	
钢筋保护层	钢筋保护层 1...
尺寸标注	
所需踢面数	17
实际踢面数	1
实际踢面高度	176.5
实际踏板深度	280.0

| 属性帮助 | | 应用 |

图 6-140

113

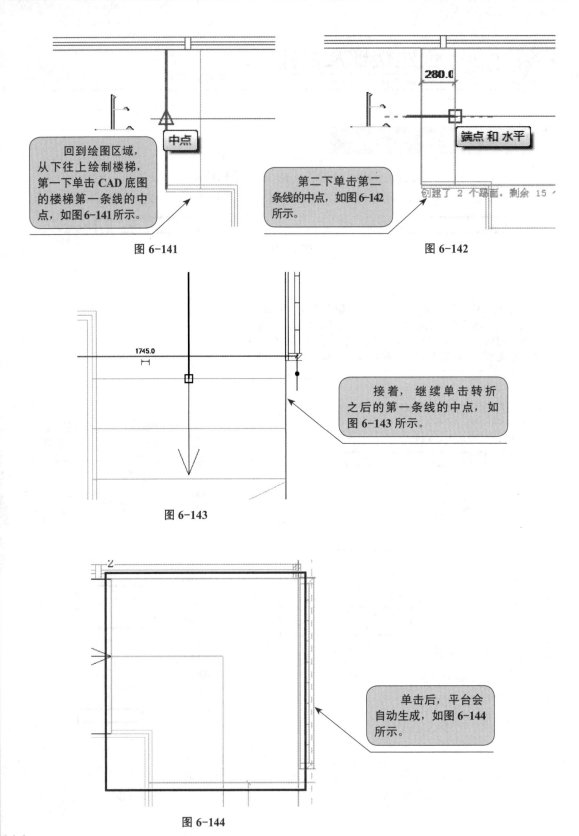

中点

图 6-141

回到绘图区域，从下往上绘制楼梯，第一下单击 CAD 底图的楼梯第一条线的中点，如图 6-141 所示。

280.0

端点 和 水平

创建了 2 个踢面，剩余 15

图 6-142

第二下单击第二条线的中点，如图 6-142 所示。

1745.0

接着，继续单击转折之后的第一条线的中点，如图 6-143 所示。

图 6-143

单击后，平台会自动生成，如图 6-144 所示。

图 6-144

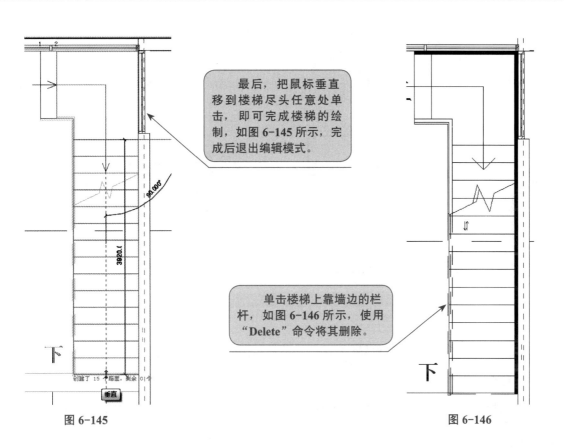

最后，把鼠标垂直移到楼梯尽头任意处单击，即可完成楼梯的绘制，如图 6-145 所示，完成后退出编辑模式。

单击楼梯上靠墙边的栏杆，如图 6-146 所示，使用"Delete"命令将其删除。

图 6-145　　　　　　　　　　　图 6-146

6.9.2　绘制客厅台阶

再次选择"楼梯"工具，选择"别墅楼梯"选项。

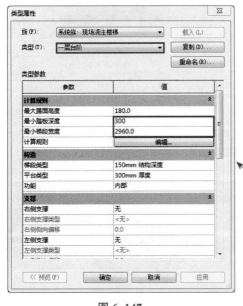

在"属性"面板中单击"编辑类型"按钮，在弹出的"类型属性"对话框中复制一个新类型并命名为"一层台阶"，修改"最小踏板深度"和"最小梯段宽度"，如图 6-147 所示。

图 6-147

第 1 章　第 2 章　第 3 章　第 4 章　第 5 章　第 6 章　第 7 章　第 8 章　第 9 章

图 6-148

完成后开始绘制"F1-副"到"F1-主"的台阶。

先单击 CAD 底图最下部轮廓线的中点,然后把光标垂直向上移动到尽头单击完成创建,如图 6-149 所示。

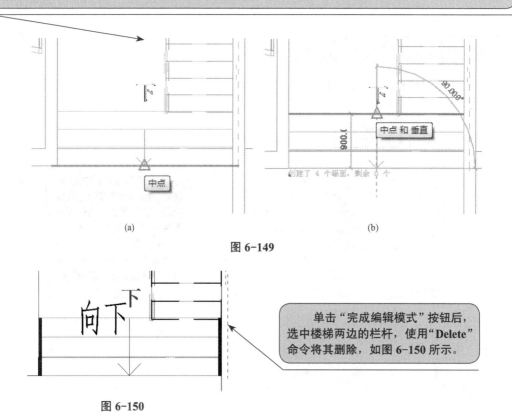

(a)　　　　　　　　　　　　　(b)

图 6-149

单击"完成编辑模式"按钮后,选中楼梯两边的栏杆,使用"Delete"命令将其删除,如图 6-150 所示。

图 6-150

6.9.3 绘制露台台阶

切换至"F2"视图，再次选择"楼梯"工具，选择"一层台阶"选项。

在"属性"面板中单击"编辑类型"按钮，在"类型属性"对话框中复制一个新类型并命名为"二层台阶"，修改其类型属性和实例属性，如图 6-151 所示。

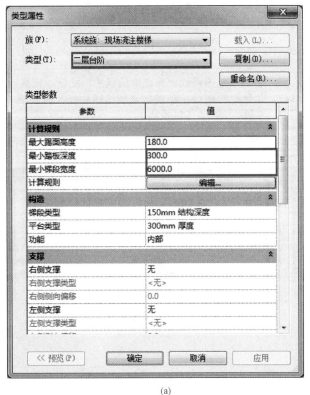

(a)   (b)

图 6-151

开始绘制楼梯，单击 CAD 底图最下面那条线的中点，光标垂直往上移动直到楼梯全部显示出来，再单击鼠标完成绘制，如图 6-152 所示。

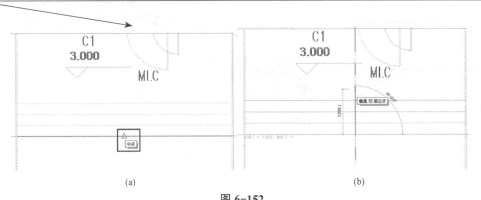

(a)   (b)

图 6-152

绘制完成后先不要退出编辑模式，单击"构件"面板中的"平台"按钮，再单击"创建草图"按钮，如图 6-153 所示。

Revit 将自动跳转到"修改 | 创建楼梯 > 绘制平台"选项卡，选择"绘制"面板中的"矩形"工具，如图 6-154 所示。

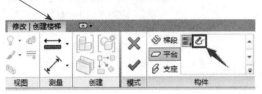

图 6-153

图 6-154

绘制图 6-155 所示的轮廓。

单击两次"完成编辑模式"按钮，完成台阶的创建。创建完成后选择栏杆，将其删除，如图 6-156 所示。

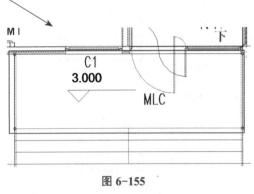

图 6-155

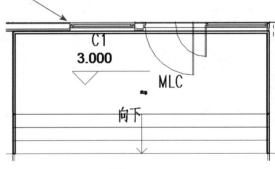

图 6-156

6.9.4 绘制客厅栏杆

切换至"F1"视图，选择"建筑"选项卡"楼梯坡道"面板中的"栏杆扶手"工具，在"属性"面板的类型选择器里选择"栏杆扶手 1 100 mm"选项，在"类型属性"对话框中复制一个新类型并命名为"别墅栏杆扶手 –1 100 mm"。

使用"直线"工具，沿着Ⓐ轴绘制与墙相交的栏杆，如图 6-158 所示。

完成创建后，把"底部标高"改为"F1- 副"，如图 6-157 所示。

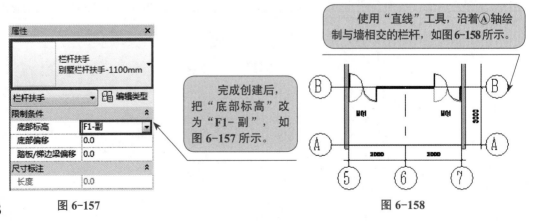

图 6-157

图 6-158

6.9.5　绘制阳台栏杆

切换至"F2"视图，选择"栏杆扶手"工具，在"属性"面板中选择"别墅栏杆扶手 -1 100 mm"选项。

把"底部标高"改为"F2"，如图 6-159 所示。

使用"直线"工具在 CAD 底图中间绘制轮廓，如图 6-160 所示，完成后退出编辑模式。

图 6-159　　　　　　　　　　　　　图 6-160

6.9.6　绘制露台栏杆

（1）移至露台视角，先绘制平台上的栏杆。

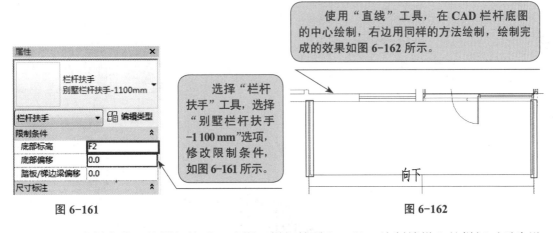

使用"直线"工具，在 CAD 栏杆底图的中心绘制，右边用同样的方法绘制，绘制完成的效果如图 6-162 所示。

选择"栏杆扶手"工具，选择"别墅栏杆扶手 -1 100 mm"选项，修改限制条件，如图 6-161 所示。

向下

图 6-161　　　　　　　　　　　　　图 6-162

（2）绘制台阶上的栏杆扶手。选择"栏杆扶手"工具，绘制楼梯上的栏杆时需先设置主体，选择"修改 | 创建栏杆扶手路径"选项卡"工具"面板中的"拾取新主体"工具，如图 6-163 所示。

图 6-163

119

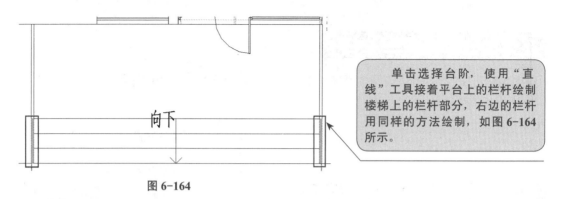

单击选择台阶，使用"直线"工具接着平台上的栏杆绘制楼梯上的栏杆部分，右边的栏杆用同样的方法绘制，如图6-164所示。

图 6-164

（3）绘制Ⓓ轴到Ⓑ轴的栏杆部分，再次选择"栏杆扶手"工具，选择"别墅栏杆扶手–1 100 mm"选项。

修改限制条件，如图6-165所示。

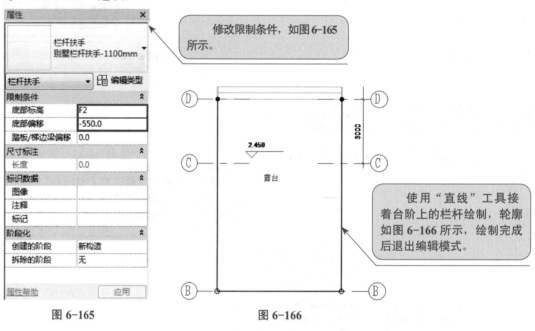

使用"直线"工具接着台阶上的栏杆绘制，轮廓如图6-166所示，绘制完成后退出编辑模式。

图 6-165　　　　　　图 6-166

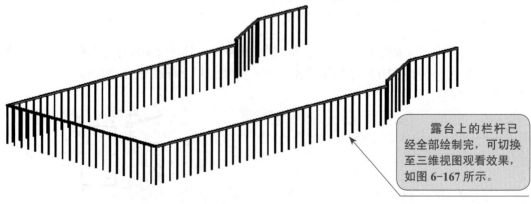

露台上的栏杆已经全部绘制完，可切换至三维视图观看效果，如图6-167所示。

图 6-167

6.9.7 绘制楼梯旁的栏杆

切换至二层楼梯位置，继续使用"扶手栏杆"工具，选择"别墅栏杆扶手 –1 100 mm"选项，修改限制条件，如图 6-168 所示。

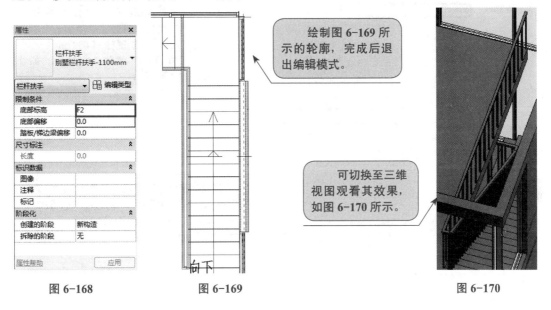

绘制图 6-169 所示的轮廓，完成后退出编辑模式。

可切换至三维视图观看其效果，如图 6-170 所示。

| 图 6-168 | 图 6-169 | 图 6-170 |

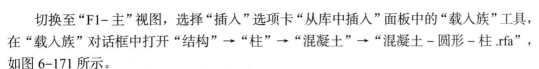

6.10　创建结构柱

切换至"F1- 主"视图，选择"插入"选项卡"从库中插入"面板中的"载入族"工具，在"载入族"对话框中打开"结构"→"柱"→"混凝土"→"混凝土 – 圆形 – 柱 .rfa"，如图 6-171 所示。

图 6-171

选择"结构"选项卡"结构"面板中的"柱"工具,在"属性"面板的类型选择器里选择"混凝土 – 圆形 – 柱 300 mm"选项。

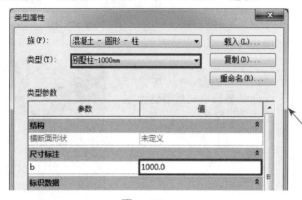

图 6-172

> 单击"编辑类型"按钮,在弹出的"类型属性"对话框中复制一个新类型并命名为"别墅柱 –1 000 mm",把"尺寸标注"改为"1 000",如图 6-172 所示。

> 完成创建后选择"修改|放置 结构柱"选项卡"放置"面板中的"垂直柱"选项,再修改其限制条件,如图 6-173 所示。

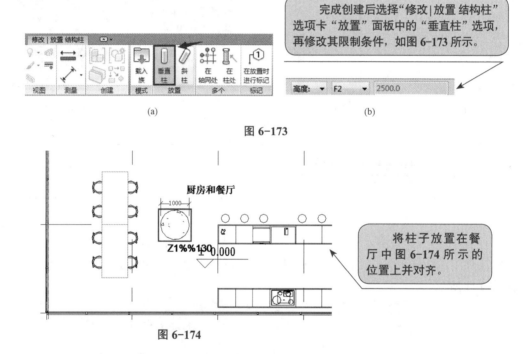

(a)   (b)

图 6-173

> 将柱子放置在餐厅中图 6-174 所示的位置上并对齐。

图 6-174

模型已经绘制完成,三维效果如图 6-175 所示。

图 6-175

6.11 创建并导出图纸

6.11.1 隐藏 CAD 底图

切换至"F1-主"平面视图，先把 CAD 底图隐藏。

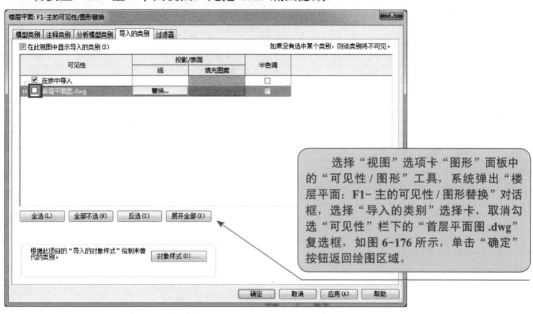

选择"视图"选项卡"图形"面板中的"可见性/图形"工具，系统弹出"楼层平面：F1-主的可见性/图形替换"对话框，选择"导入的类别"选择卡，取消勾选"可见性"栏下的"首层平面图.dwg"复选框，如图 6-176 所示，单击"确定"按钮返回绘图区域。

图 6-176

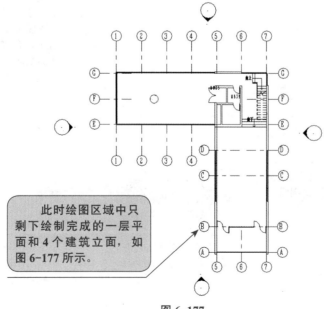

此时绘图区域中只剩下绘制完成的一层平面和 4 个建筑立面，如图 6-177 所示。

图 6-177

6.11.2 创建图纸

系统弹出"新建图纸"对话框，在对话框中双击"A3 公制"图纸，如图 6-179 所示。

选择"视图"选项卡"图纸组合"面板中的"图纸"工具，如图 6-178 所示。

图 6-178

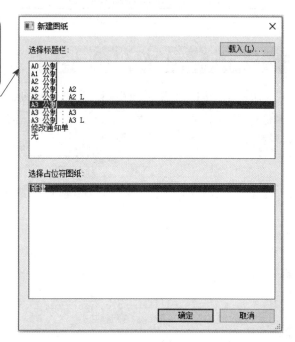

图 6-179

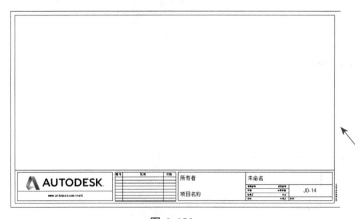

图 6-180

此时 Revit 将新建一个 A3 的图框，并且跳到新建的图框界面，如图 6-180 所示（该图框是由 Revit 提供的，若不想用该图框可以自行创建图框族。）。

在项目浏览器中找到"图纸"一栏下新建的图纸，如图 6-181 所示。

用鼠标右键单击图纸名称，在弹出的快捷菜单中选择"重命名"命令，系统弹出"图纸标题"对话框，在该对话框中进行重命名，如图 6-182 所示。

图 6-181

图 6-182

6.11.3 创建平面图

在图纸视图中单击，将项目浏览器中的"F1- 主"平面视图拖拽进图框即可，如图 6-183 所示。

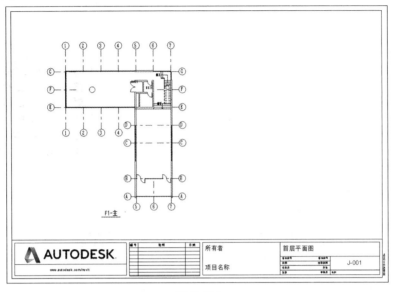

图 6-183

6.11.4 导出图纸

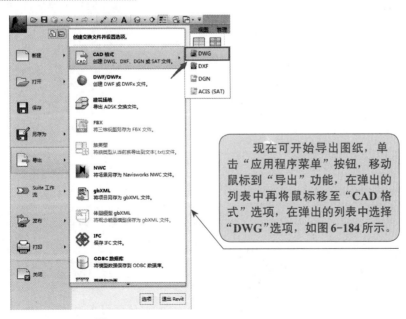

现在可开始导出图纸，单击"应用程序菜单"按钮，移动鼠标到"导出"功能，在弹出的列表中再将鼠标移至"CAD 格式"选项，在弹出的列表中选择"DWG"选项，如图 6-184 所示。

图 6-184

在弹出的"导出 CAD 格式—保存到目标文件夹"对话框中单击"下一步"按钮，把文件名改为"F1.dwg"并保存到"Revit 案例二"文件夹中，如图 6-185 所示。

图 6-185

CHAPTER

07

第 **7** 章

Revit 案例三

创建图 7-1 所示的模型。

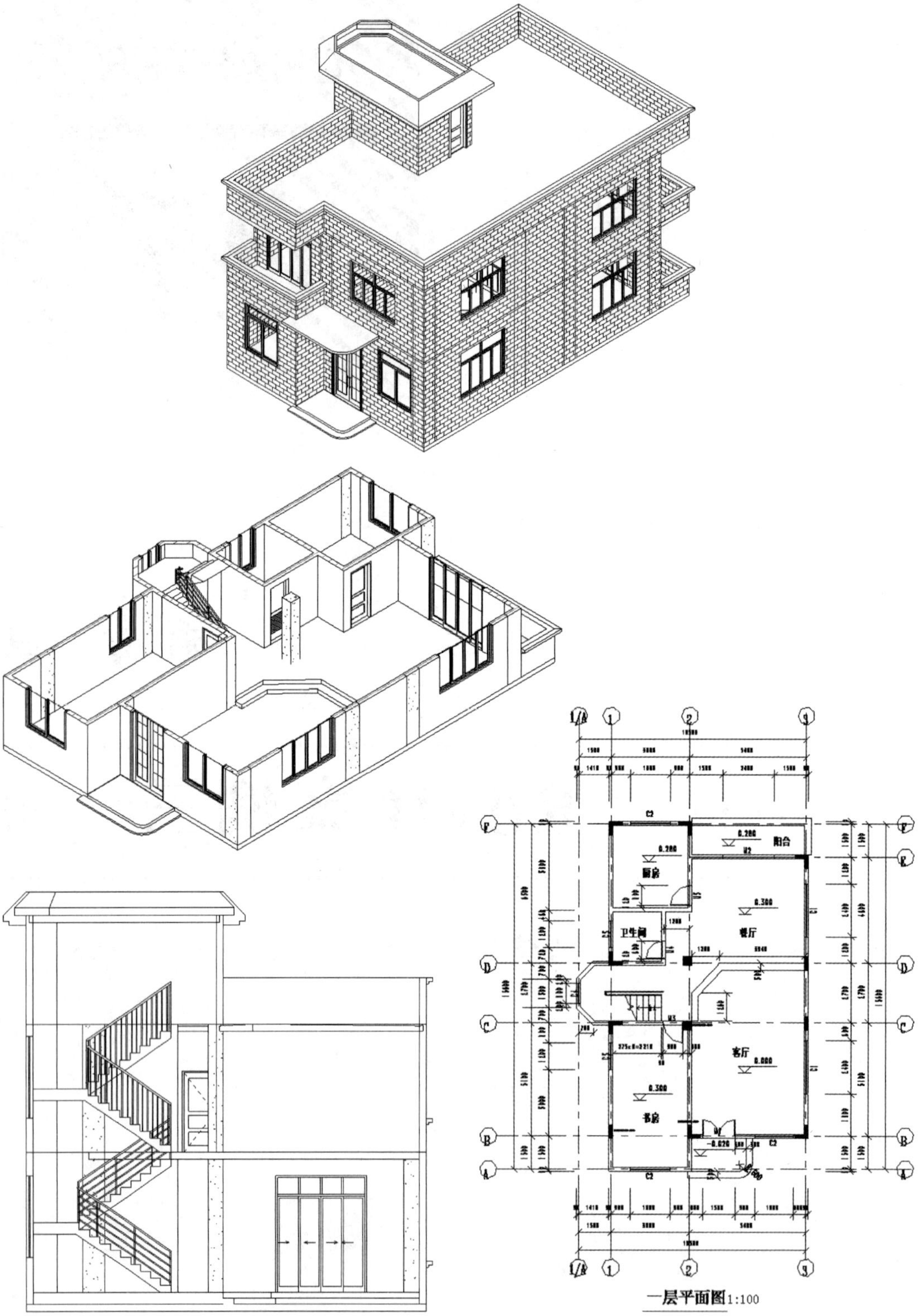

图 7-1

7.1 新建项目

运行 Revit 2016 软件，单击"新建"按钮，在弹出的对话框中单击"浏览"按钮，选择样板文件，如图 7-2 所示。

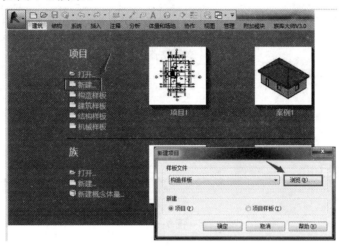

图 7-2

图 7-3

> 将案例提供的样板文件打开，如图 7-3 所示。

图 7-4

> 打开样板文件后，在"新建项目"对话框的"新建"选项区中选择"项目"选项并单击"确定"按钮，如图 7-4 所示。

7.2 创建标高、轴网

7.2.1 创建标高

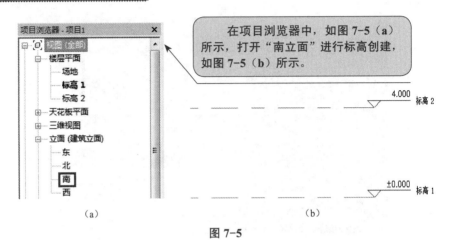

> 在项目浏览器中，如图 7-5（a）所示，打开"南立面"进行标高创建，如图 7-5（b）所示。

（a）

（b）

图 7-5

> 选择"建筑"选项卡"基准"面板中的"标高"工具（LL）或使用"复制"命令，根据案例提供的 CAD 图纸创建各楼层的标高，如图 7-6 所示。

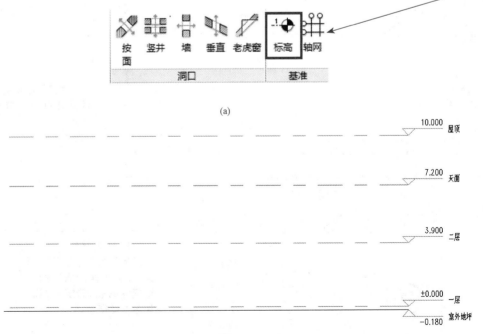

（a）

（b）

图 7-6

7.2.2 绘制轴网

在项目浏览器中打开一层平面图后，选择"插入"选项卡"链接"面板中"链接 CAD"命令，如图 7-7 所示。

载入"一层平面图"图纸，修改"导入单位"为"毫米"，如图 7-8 所示。

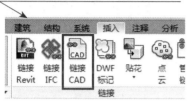

图 7-7

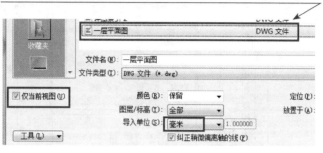

图 7-8

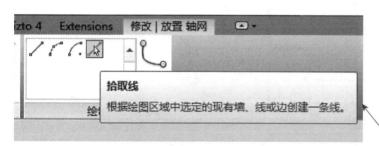

图 7-9

链接 CAD 图纸完成后，单击"建筑"选项卡"基准"面板中的"轴网"按钮（GR），系统激活"修改 | 设置 轴网"选项卡，在"绘制"面板中单击"拾取线"按钮绘制轴网，如图 7-9 所示。

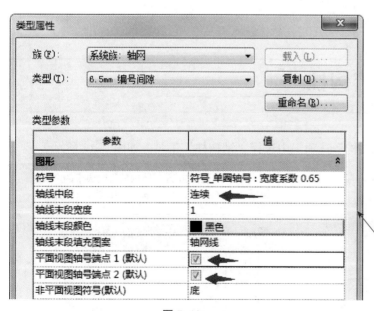

图 7-10

更改轴网的类型属性，在"类型属性"对话框中将"轴线中段"改为"连续"，并勾选两个轴号端点，如图 7-10 所示。

131

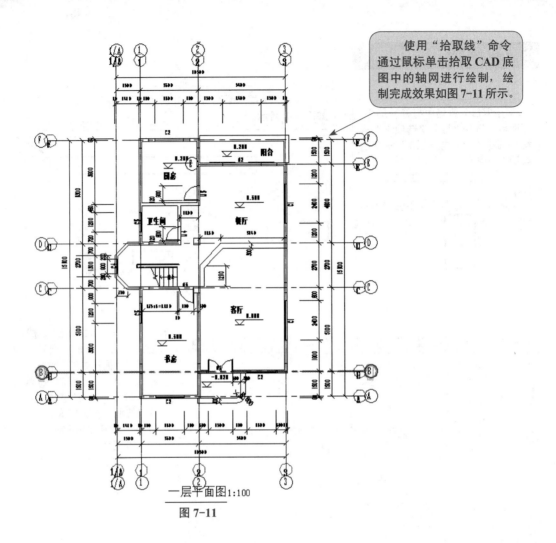

使用"拾取线"命令通过鼠标单击拾取 CAD 底图中的轴网进行绘制，绘制完成效果如图 7-11 所示。

一层平面图1:100

图 7-11

7.3 创建结构柱

在"建筑"选项卡或"结构"选项卡中选择"结构柱"工具，如图 7-12 所示。

在"修改 | 放置 结构柱"选项卡的"模式"面板中单击"载入族"按钮，如图 7-13 所示。

图 7-12

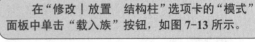
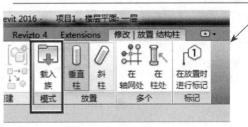

图 7-13

图 7-14

7.3.1　编辑结构柱

在弹出的"载入族"对话框中依次打开"结构"→"柱"→"混凝土"文件夹，选择"混凝土 - 矩形 - 柱"和"混凝土柱 -L 形"两种类型的柱，单击"打开"按钮，如图 7-14 所示。

在弹出的"类型属性"对话框中单击"复制"按钮，更改"名称"为"180×600"，单击"确定"按钮。再更改 L 形柱的尺寸标注（h1 为 180、h 为 600、b1 为 180、b 为 600），如图 7-16 所示。

在柱"属性"面板中单击"编辑类型"按钮，如图 7-15 所示。

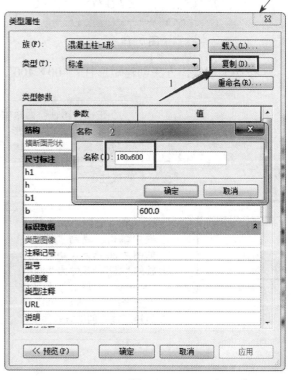

图 7-15　　　　　　　　　　图 7-16

7.3.2　放置结构柱

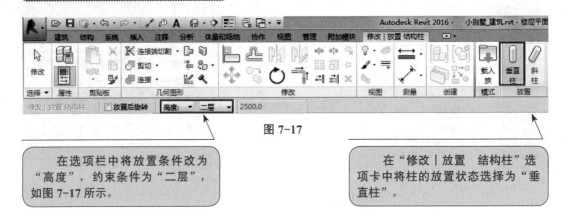

图 7-17

在选项栏中将放置条件改为"高度"，约束条件为"二层"，如图 7-17 所示。

在"修改 | 放置　结构柱"选项卡中将柱的放置状态选择为"垂直柱"。

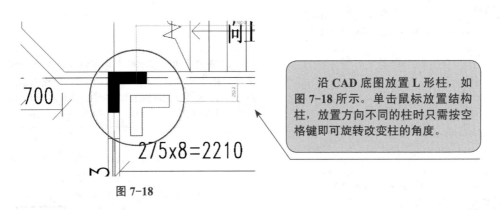

图 7-18

沿 CAD 底图放置 L 形柱，如图 7-18 所示。单击鼠标放置结构柱，放置方向不同的柱时只需按空格键即可旋转改变柱的角度。

按照上述操作方法创建矩形柱"400×400"。

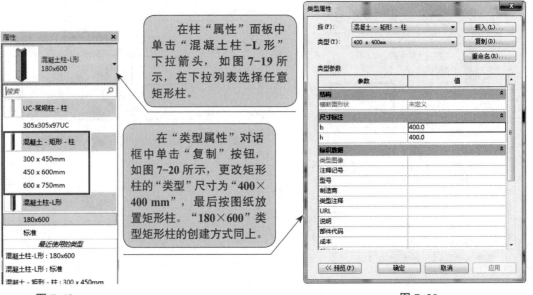

在柱"属性"面板中单击"混凝土柱 -L 形"下拉箭头，如图 7-19 所示，在下拉列表选择任意矩形柱。

在"类型属性"对话框中单击"复制"按钮，如图 7-20 所示，更改矩形柱的"类型"尺寸为"400×400 mm"，最后按图纸放置矩形柱。"180×600"类型矩形柱的创建方式同上。

图 7-19

图 7-20

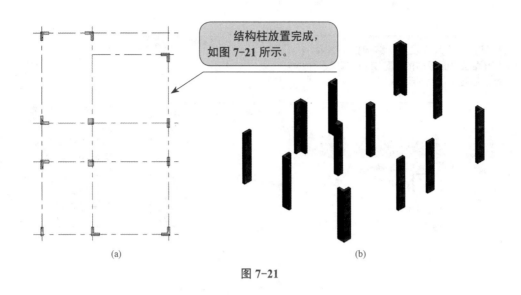

结构柱放置完成，
如图 7-21 所示。

(a)　　　　　　　　　(b)

图 7-21

7.3.3　创建二层柱

二层柱的创建方式与一层柱创建方式相同，也可用复制的方式来创建二层柱。

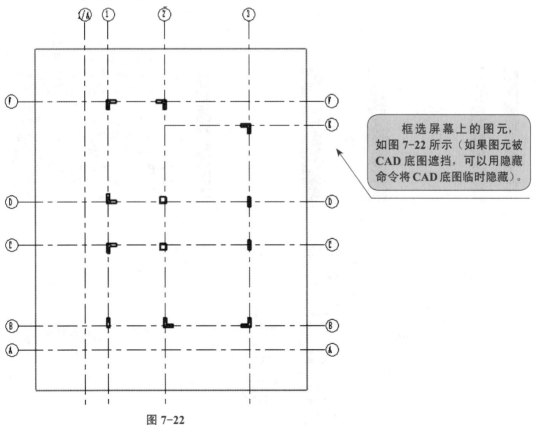

框选屏幕上的图元，
如图 7-22 所示（如果图元被
CAD 底图遮挡，可以用隐藏
命令将 CAD 底图临时隐藏）。

图 7-22

第 1 章　第 2 章　第 3 章　第 4 章　第 5 章　第 6 章　第 7 章　第 8 章　第 9 章

选择"修改|设置 结构柱"选项卡"剪贴板"面板中的"复制到剪贴板"命令，如图7-23所示。

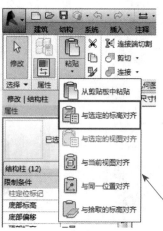

单击"粘贴"下拉箭头，在下拉列表中选择"与选定的标高对齐"选项，如图7-24所示。然后在"选择标高"对话框中选择"二层"选项，如图7-25所示，单击"确定"按钮完成复制。

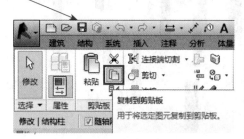

图 7-23

图 7-24

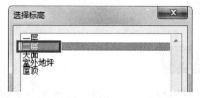

图 7-25

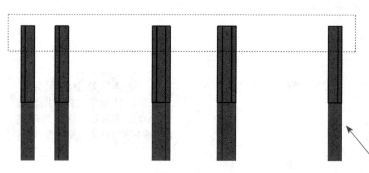

图 7-26

由于楼层高度不同的原因，复制的二层柱顶部有 **600 mm** 的偏移量，需要手动框选二层柱图元进行统一修改。首先打开三维视图，然后框选二层柱，在"属性"面板中的"顶部偏移"栏将偏移值"**600**"更改为0。操作如图7-26和图7-27所示。

图 7-27

7.4 创建建筑墙

7.4.1 编辑建筑墙

在"建筑"选项卡的"墙"面板中选择"墙：建筑"命令，如图 7-28 所示。Revit 将自动弹出墙"属性"面板，在"属性"面板中单击"编辑类型"按钮，如图 7-29 所示。

图 7-28

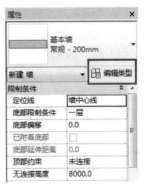

图 7-29

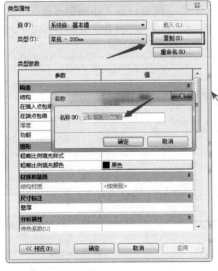

图 7-30

在"类型属性"对话框中单击"复制"按钮复制一个新的墙体，在弹出的"名称"对话框中输入新墙体的名称，然后单击"确定"按钮，操作步骤如图 7-30 和图 7-31 所示。

图 7-31

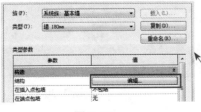

图 7-32

在"构造"选项域的"结构"栏中编辑墙体厚度，单击"编辑"按钮，如图 7-32 所示。

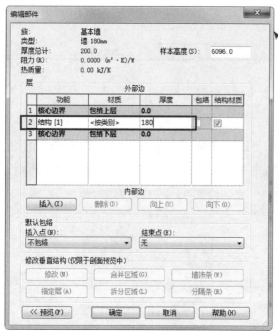

图 7-33

图 7-34

在弹出的"编辑部件"对话框中将"厚度"修改为"180",如图 7-33 和图 7-34 所示。

墙体厚度修改完成,接下来可以按要求给墙添加材质,如图 7-35 所示。

在"编辑部件"对话框中"材质"一栏单击"按类别",打开材质浏览器,如图 7-35 所示。

在"项目材质"中找到"砌体 - 普通砖 75×225 mm",将其设置为"墙 180 mm"的材质,如图 7-36 所示。

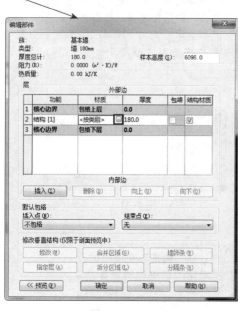

图 7-35

图 7-36

7.4.2 创建一层建筑墙

编辑完墙体厚度与材质后，开始创建一层墙体。

图 7-37

在选项栏中更改墙的约束条件，如图 7-37 所示。

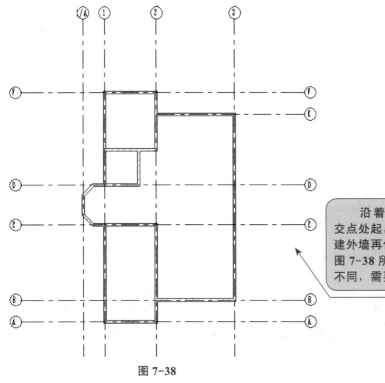

图 7-38

沿着 CAD 底图从①轴与Ⓐ轴交点处起，按顺时针方向绘制，先创建外墙再创建内墙，创建完成效果如图 7-38 所示（阳台墙体高度与楼层不同，需要分开创建）。

按照上述操作方法创建二层建筑墙，在项目浏览器中切换至二层楼层平面视图，将墙的"高度"约束改为"天面"，如图 7-39 所示，再沿链接的 CAD 底图创建即可。

图 7-39

7.4.3 创建女儿墙

切换至天面层平面视图，链接天面层 CAD 图纸。使用快捷键"WA"选择建筑墙"墙 180 mm"，在"属性"面板中修改墙的限制条件，"顶部约束"为"未连接"，"无连接高度"为"1 200"，如图 7-40 所示，沿 CAD 底图绘制墙，如图 7-41 所示。

图 7-40

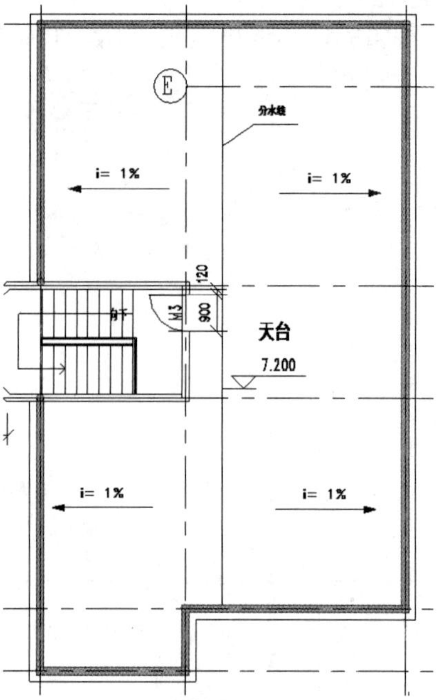

图 7-41

7.4.4 创建梯屋顶墙

切换至天面层平面视图，在"建筑"选项卡的"墙"面板中选择"墙：建筑"命令。

选择建筑墙"墙 180 mm"，在"属性"面板中修改墙的限制条件，"顶部约束"为"直到标高：屋顶"，如图 7-42 所示，沿 CAD 底图绘制墙，如图 7-43 所示。

图 7-42

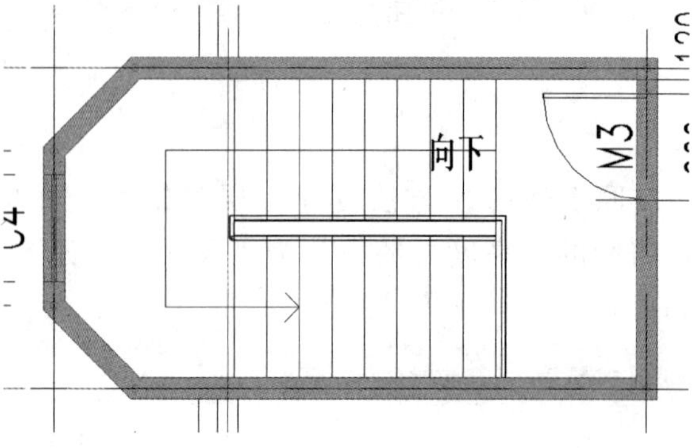

图 7-43

7.4.5 创建阳台建筑墙

在"建筑"选项卡的"墙"面板中选择"墙:建筑"命令,Revit 将自动弹出"属性"面板。

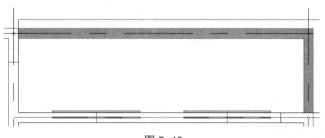

选择建筑墙"墙 180 mm",在"属性"面板中将墙的"顶部约束"改为"未连接","无连接高度"为"1 100",如图 7-44 所示。创建完成效果如图 7-45 所示。

图 7-44　　　　　　　　　　　　　　　图 7-45

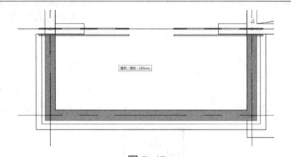

切换至二层平面视图,选择"墙 180 mm",将墙的"无连接高度"改为"1 000",如图 7-46 所示,绘制①～②,Ⓐ～Ⓑ轴的墙,如图 7-47 所示。

图 7-46　　　　　　　　　　　　　　　图 7-47

将墙的"无连接高度"改为"900","底部偏移"为"−20",如图 7-48 所示,绘制②～③,Ⓔ～Ⓕ轴的墙,如图 7-49 所示。

图 7-48　　　　　　　　　　　　　　　图 7-49

141

7.5 创建楼板

在项目浏览器中打开一层平面图。

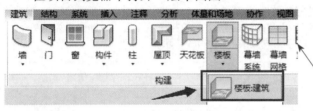

> 在"建筑"选项卡"构建"面板的"楼板"下拉列表中选择"楼板:建筑"选项,如图7-50所示。

图 7-50

7.5.1 编辑楼板类型

查看图纸创建 180 mm 厚度楼板类型。

> 单击"属性"面板中的"编辑类型"按钮,如图7-51(a)所示。

> 在"类型属性"对话框中单击"复制"按钮,创建名称为"180 mm"的楼板类型,在"结构"区域更改楼板厚度为"180"并单击"确定"按钮完成楼板类型的创建,如图7-51(b)所示。

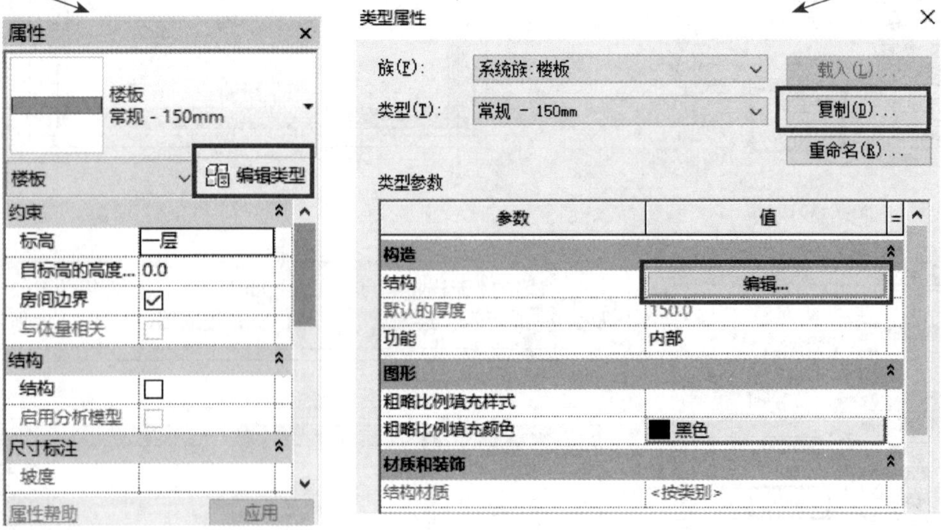

属性

楼板
常规 - 150mm

楼板 | 编辑类型

约束
标高	一层
自标高的高度...	0.0
房间边界	☑
与体量相关	☐

结构
结构	☐
启用分析模型	☐

尺寸标注
坡度	

属性帮助 · 应用

(a)

类型属性

族(F):	系统族:楼板		载入(L)...
类型(T):	常规 - 150mm		复制(D)...
			重命名(R)...

类型参数

参数	值	=
构造		
结构	编辑...	
默认的厚度	150.0	
功能	内部	
图形		
粗略比例填充样式		
粗略比例填充颜色	■ 黑色	
材质和装饰		
结构材质	<按类别>	

(b)

图 7-51

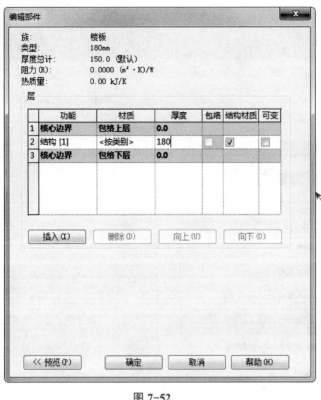

图 7-52

单击"编辑"按钮,弹出"编辑部件"对话框,在对话框中选择"结构 [1]"中的"材质"选项,进入材质浏览器中,选择合适的墙体材质,并在"厚度"栏中输入数值"180",单击"确定"按钮完成设置,如图 7-52 所示。

7.5.2 绘制楼板

沿一层墙体外侧边缘绘制,如图 7-54 所示。

在"修改 | 创建楼层边界"选项卡中选择"直线"命令,如图 7-53 所示。

图 7-53

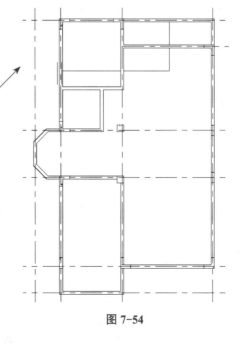

图 7-54

由图纸得出，一层有几处不同标高的楼板，所以需要分开创建，首先创建书房的标高为"0.300"的楼板。

1. 创建书房楼板

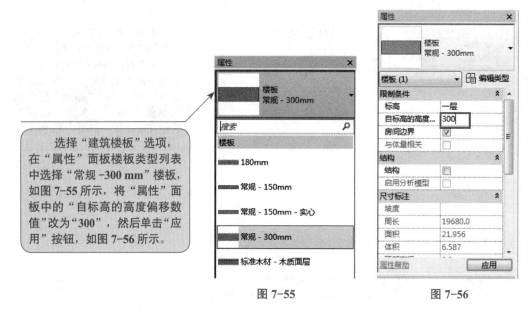

选择"建筑楼板"选项，在"属性"面板楼板类型列表中选择"常规 -300 mm"楼板，如图 7-55 所示，将"属性"面板中的"自标高的高度偏移数值"改为"300"，然后单击"应用"按钮，如图 7-56 所示。

图 7-55   图 7-56

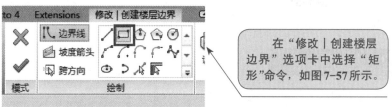

在"修改｜创建楼层边界"选项卡中选择"矩形"命令，如图 7-57 所示。

图 7-57

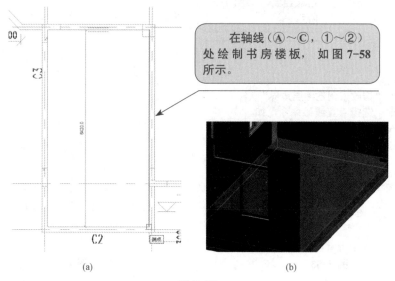

在轴线（Ⓐ～Ⓒ，①～②）处绘制书房楼板，如图 7-58 所示。

(a)   (b)

图 7-58

2. 创建厨房与阳台处的楼板

创建厨房与阳台处的"0.280"标高的楼板，按照上述书房楼板的创建方法绘制楼板。先在楼板类型中使用"复制"命令创建"280 mm"楼板，将"自标高的高度偏移数值"改为"280"，如图 7-59 所示，再绘制厨房与阳台处的楼板，如图 7-60 所示。

图 7-59

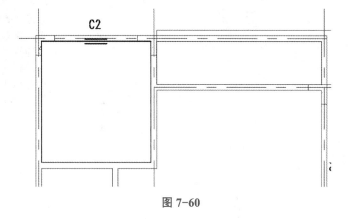

图 7-60

3. 创建餐厅与楼梯处的楼板

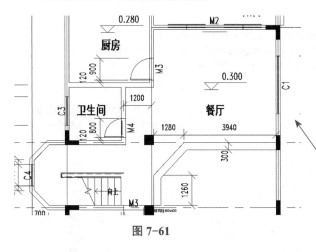

图 7-61

在"建筑"选项卡"构建"面板的"楼板"下拉列表中选择"楼板：建筑"选项，使用"常规 -300 mm"楼板类型，沿 CAD 底图绘制楼板边界线，并将楼板的高度偏移设置为"300"，如图 7-61 所示。

4. 创建室内台阶

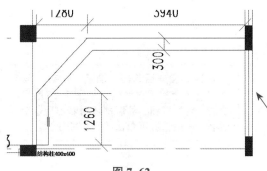

图 7-62

在"建筑"选项卡"构建"面板的"楼板"下拉列表中选择"楼板：建筑"选项，选择"常规 -150 mm"楼板类型，使用"拾取线"命令沿 CAD 底图绘制楼板边界线，并将楼板的高度偏移设置为"150"，如图 7-62 所示。

5. 创建二层楼板

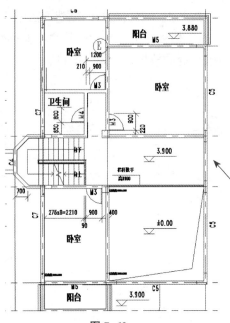

图 7-63

在项目浏览器中双击打开二层平面，在"建筑"选项卡"构建"面板"楼板"的下拉列表中选择"楼板：建筑"选项，在"属性"面板中选择"180 mm"的楼板类型，用"绘制"工具中的"直线"或"拾取线"命令沿内墙边绘制楼板边界线，如图 7-63 所示。

图 7-64

因为阳台的标高 3.880 与楼层标高不同，所以将二层楼板与阳台楼板分开绘制，并将阳台楼板标高改为"-20"，如图 7-64 所示。

使用"绘制"工具沿内墙边绘制楼板，如图 7-65 所示。

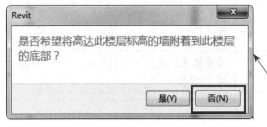

图 7-65

图 7-66

绘制完成后单击"确定"按钮，系统将弹出一个提示对话框，如图 7-66 所示，单击"否"按钮（绘制楼板时若出现这个对话框，一般情况下单击"否"按钮）。

6. 创建室外台阶

切换至一层平面视图，选择"楼板：建筑"选项，分别复制新建"60 mm"和"100 mm"类型的楼板。

> 选择"60 mm"的楼板，将"自标高的高度偏移"设置为"-120"，如图 7-67 所示。

图 7-67

> 使用"绘制"面板中的"拾取线"命令，如图 7-68 所示，拾取 CAD 底图线绘制第一级台阶。

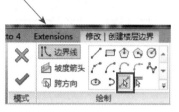

图 7-68

> 选择"100 mm"的楼板，将"自标高的高度偏移"改为"-20"，使用"绘制"面板中"拾取线"命令拾取 CAD 底图线绘制第二级台阶，如图 7-70 所示。

> 楼板创建效果如图 7-69 所示。

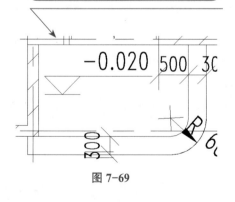

图 7-69

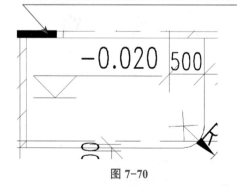

图 7-70

7.5.3 楼板开洞

楼板开洞有按面开洞、竖井开洞和垂直开洞几种方式。本案例中两层楼梯位置一样，选用竖井开洞方式。

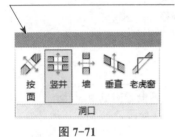

在"建筑"选项卡的"洞口"面板中选择"竖井"选项，如图 7-71 所示。

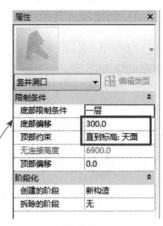

在"属性"面板中将竖井洞口的"底部偏移"改为"300"，"顶部约束"改为"直到标高：天面"，如图 7-72 所示。

图 7-71

图 7-72

选择"修改 | 编辑草图"选项卡中的"直线"命令，如图 7-73 所示，沿着 CAD 底图上楼梯处绘制竖井洞口草图线，如图 7-74 所示。

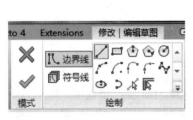

图 7-73

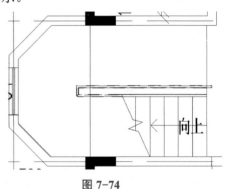

图 7-74

7.6 放置门窗

可以通过"载入族"的方式选择项目需要的门窗族，本案例中项目样板已经载入并设置好了门窗类型，可以直接使用。

7.6.1 放置门

打开一层平面视图，在"建筑"选项卡的"构建"面板中选择"门"选项，如图 7-75 所示。

Revit 将自动弹出"修改 | 放置门"选项卡。

图 7-75

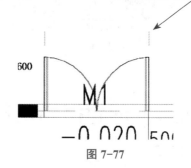

在"属性"面板中单击下拉箭头打开门类型列表，选择对应的门类型，如图 7-76 所示。

单击将门放置于与 CAD 底图对应的位置，利用"对齐"命令（AL）将放置的门与 CAD 底图对齐，对不同标高的门根据图纸更改门的底高度，如图 7-77 所示。按此方式将其余类型的门放置完成。

图 7-76   图 7-77

7.6.2 放置窗

在"建筑"选项卡的"构建"面板中选择"窗"选项，如图 7-78 所示，Revit 会自动弹出"修改 | 放置窗"选项卡。

单击"属性"面板中的下拉箭头选择对应类型的窗，如图 7-79 所示。

根据立面图的窗台高度，在窗"属性"面板中的"底高度"一栏更改窗的底高度，如图 7-80 所示。

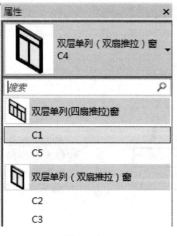

图 7-78   图 7-79   图 7-80

图 7-81

单击将窗放置于与 CAD 底图对应的位置，利用"对齐"命令（AL）将放置窗与 CAD 底图对齐，如图 7-81 所示。

7.7　创建楼梯及栏杆

7.7.1　创建楼梯

切换至一层平面视图，在"建筑"选项卡的"楼梯"下拉列表中选择"楼梯（按构件）"选项，如图 7-82 所示。Revit 将自动弹出"修改 | 创建楼梯"选项卡，如图 7-83 所示。

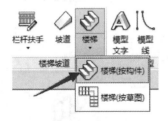

图 7-82

图 7-83

7.7.2　编辑楼梯

图 7-84

单击"属性"面板中的"编辑类型"按钮，系统弹出"类型属性"对话框，如图 7-84 所示。

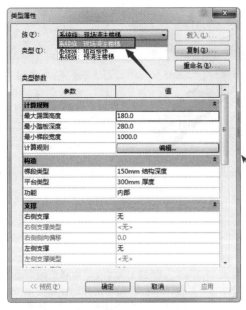

图 7-85

单击"族"下拉箭头,在下拉列表中选择"系统族:现场浇注楼梯"选项,单击"确定"按钮,如图 7-85 所示。

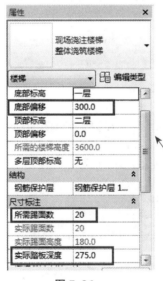

图 7-86

在"属性"面板中设置楼梯的"底部偏移"为"300","所需踢面数"为"20","实际踏板深度"为"275",如图 7-86 所示。

7.7.3 创建楼梯

在选项栏中设置"实际梯段宽度"为"1200",如图 7-87 所示。在"修改 | 创建楼梯"选项卡"构件"面板的"梯段"下拉列表中选择"直梯"命令进行绘制。

图 7-87

第1章 第2章 第3章 第4章 第5章 第6章 第7章 第8章 第9章

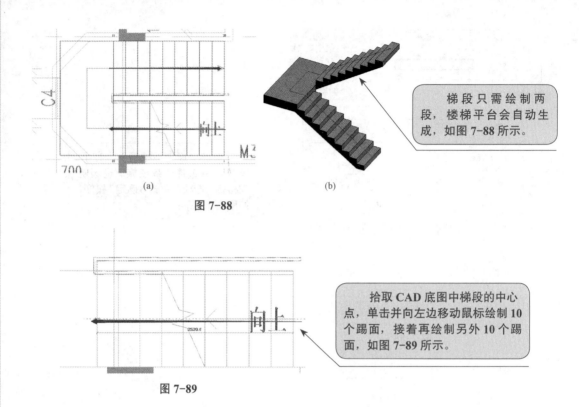

图 7-88

梯段只需绘制两段，楼梯平台会自动生成，如图 7-88 所示。

拾取 CAD 底图中梯段的中心点，单击并向左边移动鼠标绘制 10 个踢面，接着再绘制另外 10 个踢面，如图 7-89 所示。

图 7-89

7.7.4 修改楼梯平台

对于用构件创建的楼梯平台，在修改前需要先将平台转换成草图的样式才可以进行修改。

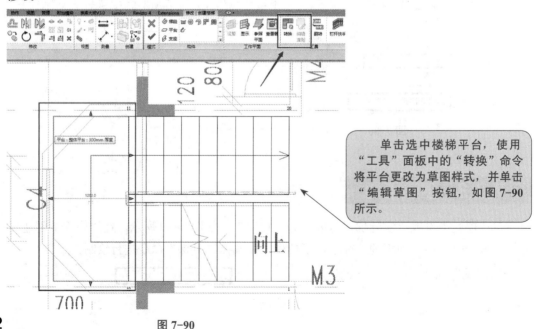

单击选中楼梯平台，使用"工具"面板中的"转换"命令将平台更改为草图样式，并单击"编辑草图"按钮，如图 7-90 所示。

图 7-90

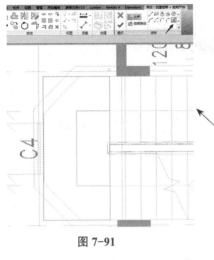

使用"修改 | 创建楼梯 > 绘制平台"选项卡"绘制"面板中的"拾取线"命令，拾取 CAD 底图的平台部分并删除多余草图线，如图 7-91 所示。

图 7-91

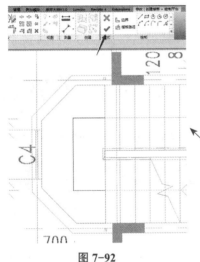

平台修改完成后单击"确定"按钮，再单击一次"确定"按钮完成楼梯的创建（忽略弹出的警告对话框），接着将靠墙部分的平台栏杆删除，如图 7-92 所示。

图 7-92

切换至二层平面视图，在"建筑"选项卡"楼梯坡道"面板的"梯楼"下拉列表中选择"楼梯（按构件）"选项，在"属性"面板中将楼梯"所需踢面数"更改为"18"，如图 7-93 所示。

图 7-93

Revit 会弹出警告框，单击"确定"按钮忽略该警告即可，如图 7-94 所示。

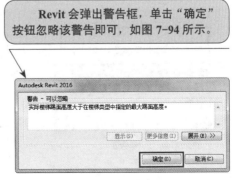

图 7-94

153

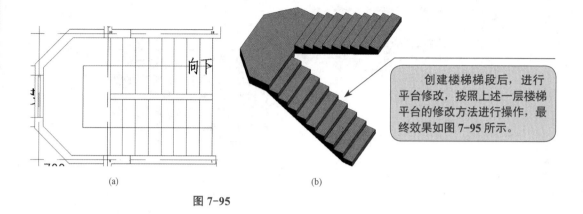

(a)   (b)

图 7-95

创建楼梯梯段后，进行平台修改，按照上述一层楼梯平台的修改方法进行操作，最终效果如图 7-95 所示。

7.7.5 创建栏杆

切换至二层平面视图，在"建筑"选项卡"楼梯坡道"面板的"栏杆扶手"下拉列表中选择"绘制路径"命令，如图 7-96 所示。

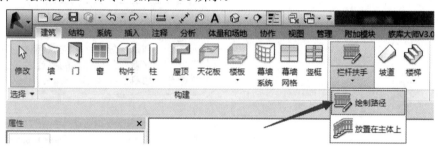

图 7-96

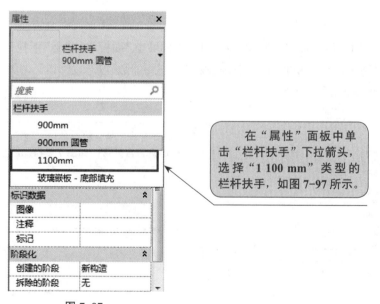

在"属性"面板中单击"栏杆扶手"下拉箭头，选择"1 100 mm"类型的栏杆扶手，如图 7-97 所示。

图 7-97

图 7-98

在"修改 | 创建栏杆扶手路径"选项卡的"绘制"面板中选择"直线"命令，如图 7-98 所示。

沿着 CAD 底图栏杆绘制栏杆路径，如图 7-99 所示，绘制完成后单击"确定"按钮完成栏杆扶手的创建。

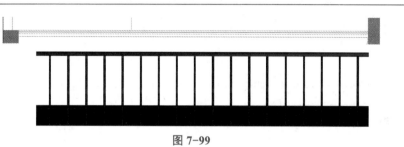

图 7-99

7.8 创建屋顶

切换至天面层平面视图，在"建筑"选项卡"构建"面板的"屋顶"下拉列表中选择"迹线屋顶"选项，如图 7-100 所示。

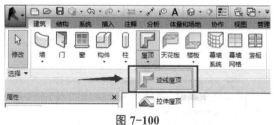

图 7-100

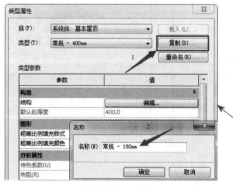

图 7-101

在"属性"面板中单击"编辑类型"按钮，在弹出的"类型属性"对话框中单击"复制"按钮，创建一个"常规 -180 mm"类型的屋顶，如图 7-101 所示。

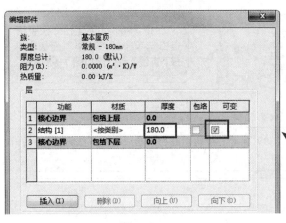

图 7-102

単击"结构"中的"编辑"按钮，系统弹出"编辑部件"对话框，更改结构的"厚度"为"180"并勾选"可变"选项，如图7-102所示。使用"绘制"面板"边界线"下拉列表中的"直线"命令沿CAD底图绘制。

将两块屋面板分开绘制，如图 7-103、图 7-104 所示。

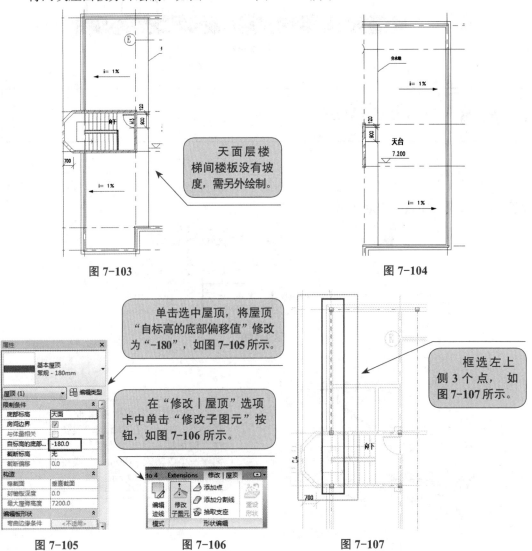

图 7-103

天面层楼梯间楼板没有坡度，需另外绘制。

图 7-104

单击选中屋顶，将屋顶"自标高的底部偏移值"修改为"-180"，如图7-105所示。

在"修改 | 屋顶"选项卡中单击"修改子图元"按钮，如图7-106所示。

框选左上侧 3 个点，如图 7-107 所示。

图 7-105   图 7-106   图 7-107

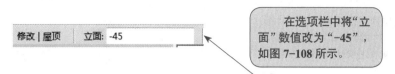

修改 | 屋顶　立面: -45

在选项栏中将"立面"数值改为"-45"，如图 7-108 所示。

图 7-108

选择右侧屋面板，修改坡度。

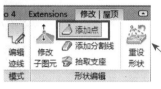

单击"修改 | 屋顶"选项卡中的"修改子图元"按钮，单击"添加点"按钮，如图 7-109 所示。

图 7-109

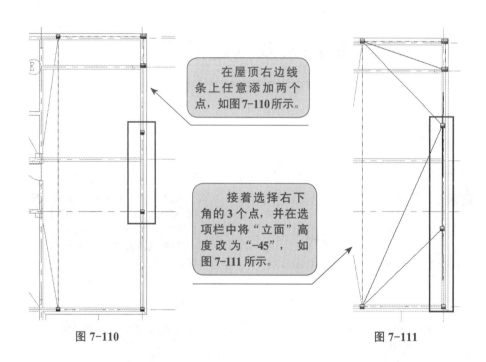

在屋顶右边线条上任意添加两个点，如图 7-110 所示。

接着选择右下角的 3 个点，并在选项栏中将"立面"高度改为"-45"，如图 7-111 所示。

图 7-110　　　　　　　　　　　　　　图 7-111

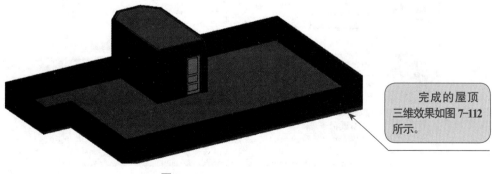

完成的屋顶三维效果如图 7-112 所示。

图 7-112

> 切换至屋顶平面视图，选择"楼板：建筑"→"180 mm"类型楼板，选择"绘制"面板中的"拾取线"命令，如图 7-113 所示。

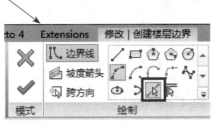

图 7-113

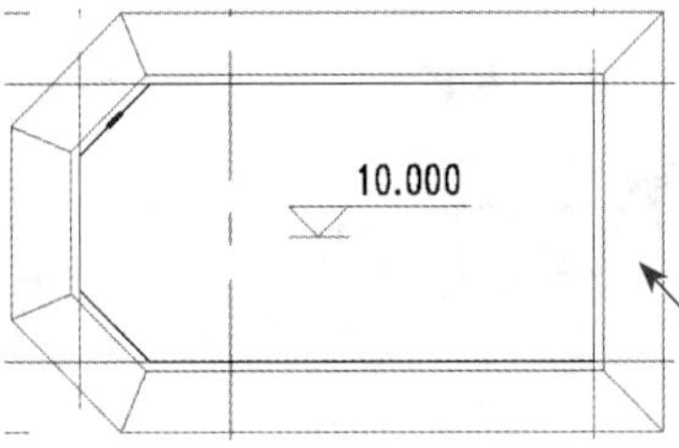

10.000

> 拾取CAD底图，绘制楼板边界线，如图 7-114 所示。

图 7-114

7.9　创建墙饰条及内建模型

7.9.1　墙饰条

创建墙饰条之前需要建一个轮廓族。

图 7-115

> 单击左上角的"应用程序菜单"按钮，选择"新建"→"族"命令，如图 7-115 所示，在弹出的"新族－选择样板文件"对话框中选中"公制轮廓"并单击"打开"按钮，如图 7-116 所示。

图 7-116

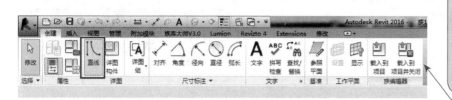

在"创建"选项卡的"详图"面板中选择"直线"工具，如图 7-117 所示，绘制详图1轮廓。

图 7-117

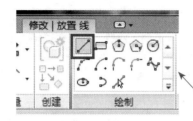

在"修改 | 放置 线"选项卡的"绘制"面板中选择"直线"命令，如图 7-118 所示，根据"详图索引 1"绘制轮廓。

图 7-118

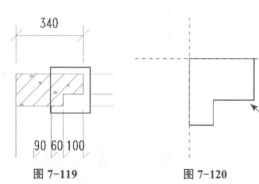

340

90 60 100

图 7-119

图 7-120

饰条放置于墙边，只需绘制墙外的部分，根据图 7-119 所示详图绘制轮廓，如 7-120 所示。

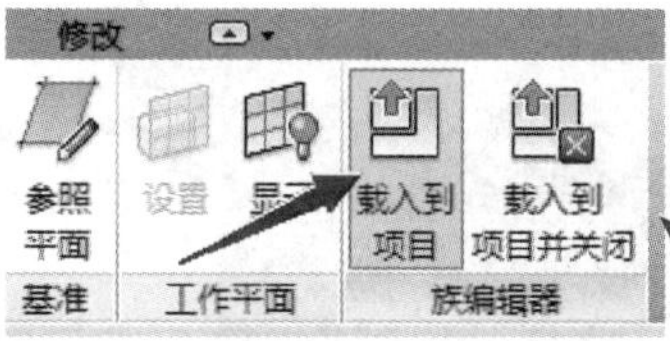

绘制完成后选择"族编辑器"面板中的"载入到项目"命令，将绘制好的轮廓载入案例项目，如图 7-121 所示。

图 7-121

在三维视图中创建墙饰条。

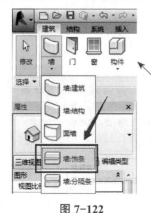

图 7-122

打开三维视图，在"建筑"选项卡"构建"面板的"墙"下拉列表中选择"墙：饰条"选项（墙饰条只能在三维视图中放置），如图 7-122 所示。在"属性"面板中单击"编辑类型"按钮，如图 7-123 所示。

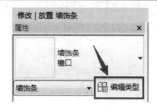

图 7-123

第 1 章 第 2 章 第 3 章 第 4 章 第 5 章 第 6 章 第 7 章 第 8 章 第 9 章

159

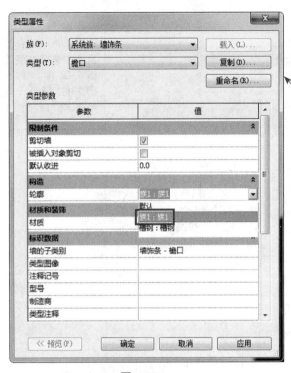

图 7-124

在弹出的"类型属性"对话框的"轮廓"一栏中单击右侧的下拉箭头，选择"族1：族1"选项，单击"确定"按钮完成类型属性的修改，如图 7-124 所示。

在"修改|放置 墙饰条"选项卡的"放置"面板中选择"水平"命令，如图 7-125 所示。

图 7-125

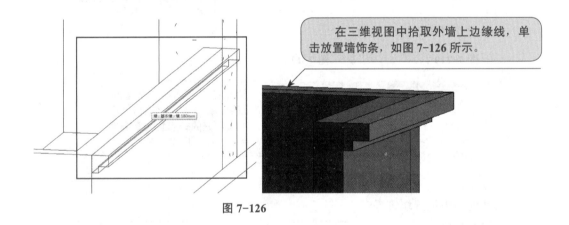

图 7-126

在三维视图中拾取外墙上边缘线，单击放置墙饰条，如图 7-126 所示。

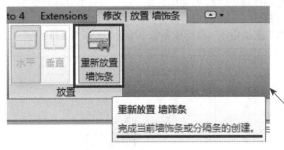

图 7-127

放置墙饰条后单击"重新放置墙饰条"按钮，完成当前墙饰条的放置，如图 7-127 所示。

7.9.2 内建模型－梯屋顶

切换至三维视图或平面视图。在"建筑"选项卡"构建"面板的"构件"下拉列表中选择"内建模型"选项，如图 7-128 所示，在弹出的"族类别和族参数"对话框中选择"屋顶"选项，单击"确定"按钮，系统弹出"名称"对话框，在对话框中输入名称"梯屋顶"，如图 7-129、图 7-130 所示。

图 7-128

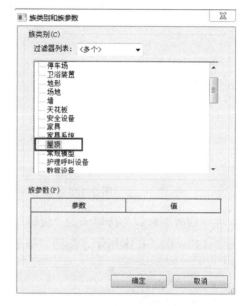

图 7-129

图 7-130

在"创建"选项卡的"形状"面板中选择"放样"命令，激活"修改 | 放样"选项卡，在"放样"面板中选择"拾取路径"命令，激活"修改 | 放样＞拾取路径"选项卡，在"拾取"面板中选择"拾取三维边"命令，如图 7-131、图 7-132、图 7-133 所示。

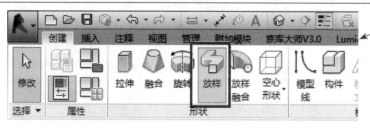

图 7-131

图 7-132

图 7-133

161

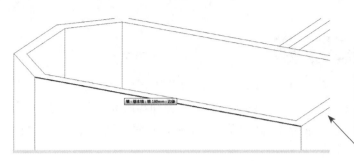

在三维视图中拾取墙的边缘线，拾取完毕后单击"完成编辑模式"按钮，如图7-134、图7-135、图7-136所示。

图 7-134

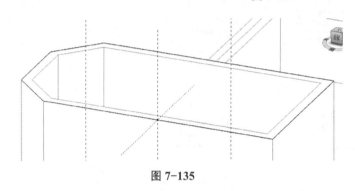

图 7-135

图 7-136

在"修改 | 放样"选项卡的"放样"面板中依次单击"选择轮廓""编辑轮廓"按钮，如图7-137、图7-138所示，激活"修改 | 放样>编辑轮廓"选项卡。

图 7-137

图 7-138

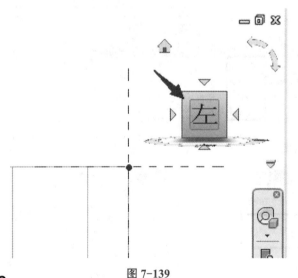

图 7-139

单击绘图区域右上角"ViewCube"中的"左"，切换至西立面视角，如图7-139所示，在"绘制"面板中选择"直线"命令，如图7-140所示，根据"详图索引2"绘制轮廓草图线。

图 7-140

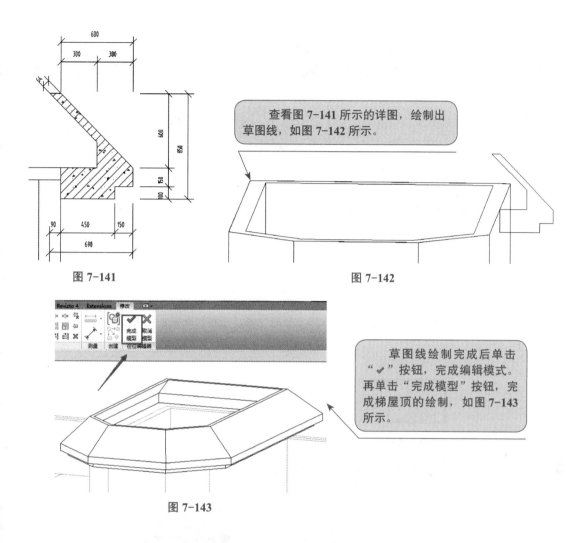

图 7-141

查看图 7-141 所示的详图，绘制出草图线，如图 7-142 所示。

图 7-142

草图线绘制完成后单击 "✔" 按钮，完成编辑模式。再单击 "完成模型" 按钮，完成梯屋顶的绘制，如图 7-143 所示。

图 7-143

7.10 创建雨篷

打开二层平面视图，在 "建筑" 选项卡 "构建" 面板的 "楼板" 下拉列表中选择 "楼板：建筑" 选项。

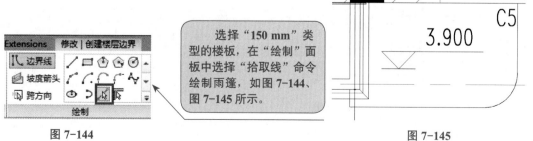

选择 "150 mm" 类型的楼板，在 "绘制" 面板中选择 "拾取线" 命令绘制雨篷，如图 7-144、图 7-145 所示。

图 7-144

图 7-145

163

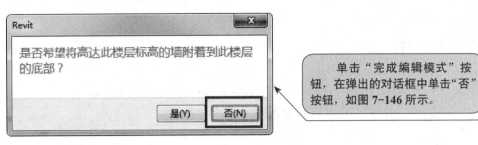

图 7-146

单击"完成编辑模式"按钮,在弹出的对话框中单击"否"按钮,如图 7-146 所示。

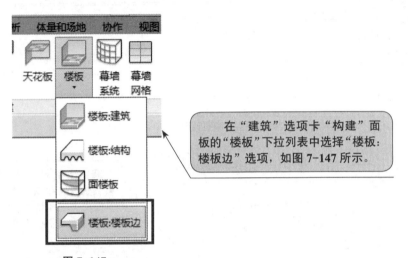

图 7-147

在"建筑"选项卡"构建"面板的"楼板"下拉列表中选择"楼板:楼板边"选项,如图 7-147 所示。

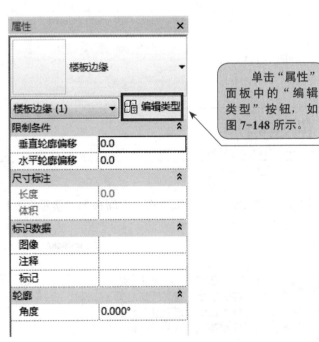

图 7-148

单击"属性"面板中的"编辑类型"按钮,如图 7-148 所示。

在"构造"区域的"轮廓"一栏中选择前面做好的轮廓族"族1",如图 7-149 所示。

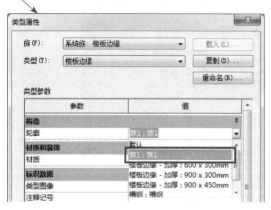

图 7-149

楼板边放置同墙饰条,拾取楼板边缘线放置即可,如图 7-150 所示。

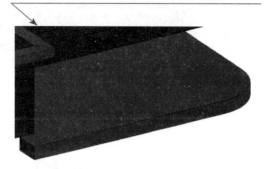

图 7-150

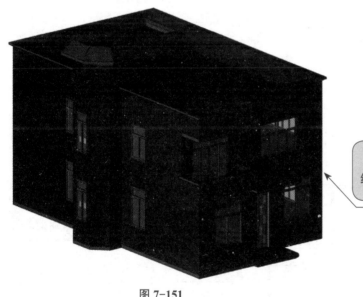

图 7-151

模型绘制完成,三维效果如图 7-151 所示。

7.11　创建图纸

7.11.1　隐藏 CAD 底图

切换至一层平面视图,先将 CAD 底图隐藏。

在"视图"选项卡的"图形"面板中选择"可见性/图形"工具，在弹出的"楼层平面：一层的可见性/图形替换"对话框中单击"导入的类别"选项卡，在"可见性"栏下取消勾选"一层平面图.dwg"复选框，如图7-152所示，单击"确定"按钮返回绘图区域。

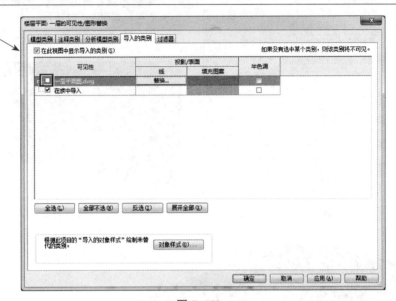

图 7-152

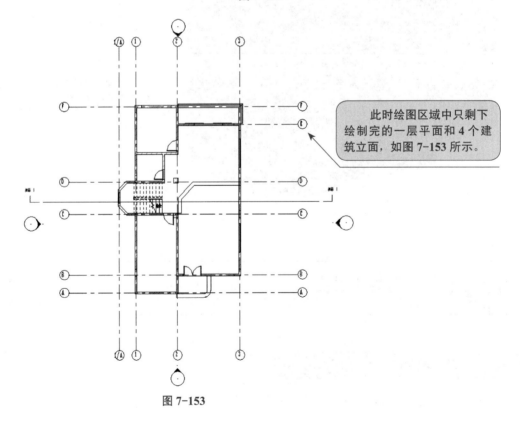

此时绘图区域中只剩下绘制完的一层平面和4个建筑立面，如图7-153所示。

图 7-153

7.11.2 创建导出图纸

系统弹出"新建图纸"对话框，双击"A3 公制"选项，如图 7-155 所示。

在"视图"选项卡的"图纸组合"面板中选择"图纸"工具，如图 7-154 所示。

图 7-154

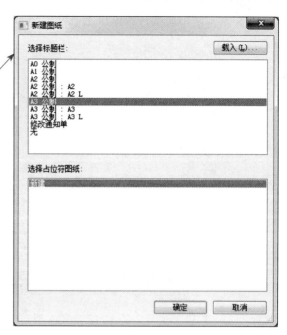

图 7-155

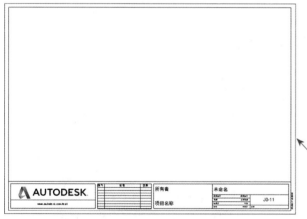

图 7-156

此时系统将新建一个 A3 的图框，并且跳转到新建的图框界面，如图 7-156 所示（该图框是由 Revit 提供的，若不想用该图框可以自行创建图框族）。

在项目浏览器中找到"图纸"一栏下新建的图纸名称，如图 7-157 所示。

用鼠标右键单击图纸名称后，选择"重命名"命令，系统弹出"图纸标题"对话框，在对话框中进行重命名，如图 7-158 所示。

图 7-157

图 7-158

167

7.11.3 创建平面图

在图纸视图中单击,将项目浏览器中的一层平面视图拖拽进图框内即可,如图 7-159
所示。

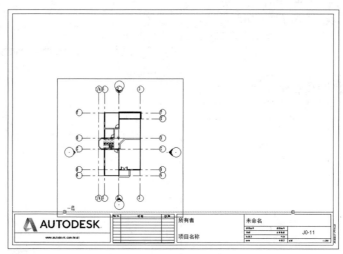

图 7-159

7.11.4 导出图纸

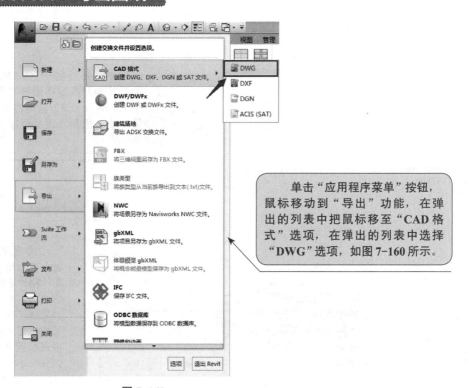

单击"应用程序菜单"按钮,鼠标移动到"导出"功能,在弹出的列表中把鼠标移至"CAD 格式"选项,在弹出的列表中选择"DWG"选项,如图 7-160 所示。

图 7-160

在弹出的"导出
CAD 格式—保存到目标
文件夹"对话框中单击"下
一步"按钮，把文件名改
为"F1.dwg"并保存到
"Revit 项目案例三"文件
夹中，如图 7-161 所示。

图 7-161

CHAPTER

08

第 8 章

Revit 案例四

创建图 8-1 所示的模型。

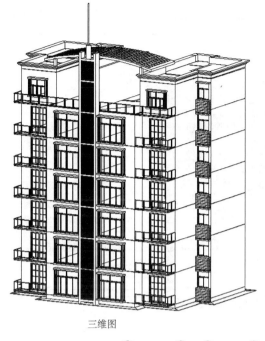

三维图

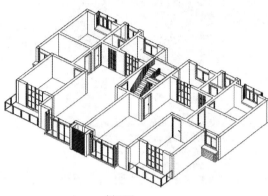

剖面图

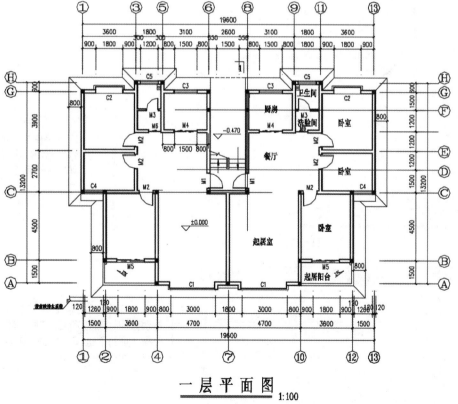

一 层 平 面 图 1:100

平面图

图 8-1

8.1 新建项目

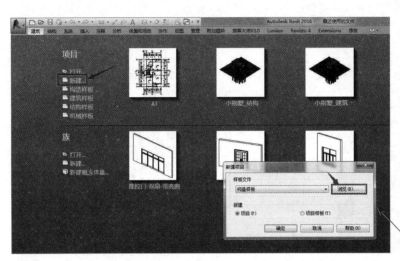

图 8-2

运 行 Revit 2016 软件，系统自动弹出"新建项目"对话框，单击"浏览"按钮选择样板文件，如图 8-2 所示。

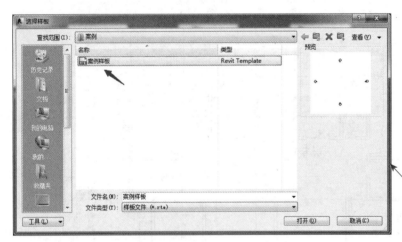

图 8-3

在提供的案例文件夹中打开样板文件"案例样板.rfa"，如图 8-3 所示。

图 8-4

打开样板文件后，系统将自动弹出"新建项目"对话框，选择"项目"选项，单击"确定"按钮，如图 8-4 所示。

172

8.2　创建标高、轴网

8.2.1　创建标高

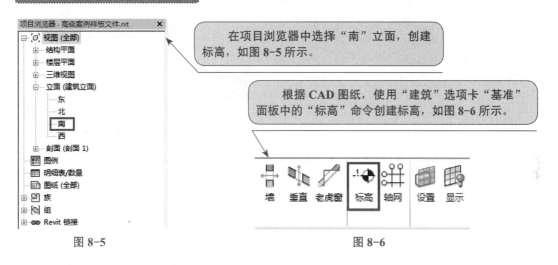

在项目浏览器中选择"南"立面，创建标高，如图 8-5 所示。

根据 CAD 图纸，使用"建筑"选项卡"基准"面板中的"标高"命令创建标高，如图 8-6 所示。

图 8-5　　　　　　　　　　图 8-6

8.2.2　绘制标高

在标高 1 往上 2 980 mm 位置，在标高左侧单击，往右侧拉动，绘制出标高，为了区分 CAD 结构与建筑标高，如图 8-7（a）所示，双击"2.980"，输入标高名称，弹出"是否希望重命名相应视图"对话框，单击"是"按钮。单击箭头所指的位置，可调节标高符号位置，如图 8-7（b）所示。单击选中标高，在"属性"面板中可修改标头类型，如图 8-7（c）所示。按照前一步绘制标高的方式，绘制出所需标高，部分标高显示如图 8-7（d）所示。

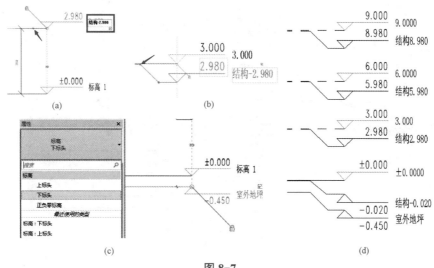

图 8-7

8.2.3 链接图纸

在项目浏览器中选择"结构平面"选项，双击打开"结构 –0.020"结构平面视图，在"插入"选项卡的"链接"面板中单击"链接 CAD"按钮，在弹出的"链接 CAD 格式"对话框中打开"标高 –0.020 结构布置图"图纸。

勾选"仅当前视图"复选框，"导入单位"修改为"毫米"，"定位"修改为"自动 – 中心到中心"，修改完成后单击"打开"按钮，如图8-8所示。

图 8-8

8.2.4 轴网的基本设置

单击"建筑"选项卡"基准"面板中的"轴网"按钮，单击 "属性"面板中的"编辑类型"按钮，系统将弹出"类型属性"对话框，在"类型属性"对话框中，修改"轴线中段"为"连续"，勾选"平面视图轴号端点 1（默认）"选项，单击"确定"按钮，如图8-9所示。

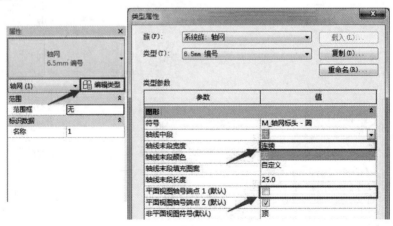

图 8-9

图 8-10

单击"建筑"选项卡"基准"面板中的"轴网"按钮，Revit 将激活"修改|放置 轴网"选项卡，在"绘制"面板中选择"直线"工具进行绘制，如图 8-10 所示。

8.2.5　绘制轴网

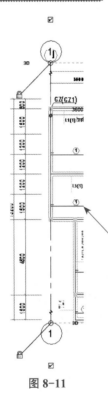

图 8-11

移动鼠标至图纸①号轴的位置，作为轴线起点，向下移动鼠标，Revit 将在指针位置与起点之间显示轴线预览，并给出当前轴线方向与水平方向的临时尺寸显示标注，将鼠标垂直向上移动到适当位置，单击鼠标完成第一条轴线的绘制，Revit 将自动将该轴线的编号设为 1，如图 8-11 所示。

8.2.6　复制轴网

选择①号轴线，系统自动激活"修改|轴网"选项卡，在"修改"面板中选择"复制"命令，在选项栏中勾选"约束"及"多个"复选框，如图 8-12 所示，选择①号轴线，鼠标向右移输入"1500"，即可生成②号轴线，轴线的编号会自动排序，接着按照 CAD 图纸轴网尺寸绘制其他轴线。

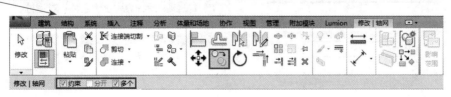

图 8-12

175

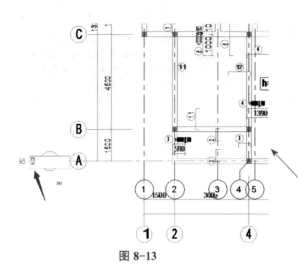

纵轴线绘制完成，横轴线按照上述绘制轴网的方法，单击"轴网"按钮，选择"直线"命令进行绘制，绘制Ⓐ号轴线，双击轴号处，Revit会自动弹出文本编辑框，将名称改成"A"，单击平面视图空白处，完成轴号修改，如图 8-13 所示。按照上述复制轴网的方法绘制其他轴线，轴线的编号会自动排序。

图 8-13

8.3　创建结构柱

8.3.1　创建结构柱

在"结构"选项卡的"结构"面板中选择"柱"命令，如图 8-14 所示。

图 8-14

8.3.2　编辑结构柱

在"属性"面板中单击"编辑类型"按钮，Revit 将自动弹出"类型属性"对话框，在对话框的"族"下拉列表中选择"混凝土－矩形－柱"选项，单击"复制"按钮，系统会弹出"名称"对话框，输入柱的名称与尺寸，在"尺寸标注"区域修改 b 及 h 的值，均改为"240"，单击"确定"按钮，如图 8-15 所示。

176　　　　　　　图 8-15

8.3.3 放置结构柱

在"修改 | 放置　结构柱"选项卡下方的选项栏中选择"高度"选项，更改柱的顶标高为"结构 2.980"，如图 8-16 所示。根据 CAD 图纸中 GZ 柱的位置放置结构柱，如图 8-17 所示。

| 修改 \| 放置 结构柱 | ☐ 放置后旋转 | 高度: ▾ | 结构2.9 ▾ | 2500.0 | ☑ 房间边界 |

图 8-16

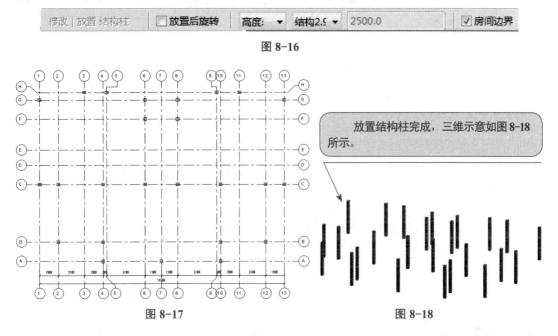

放置结构柱完成，三维示意如图 8-18 所示。

图 8-17　　　　　　　　　　　　　图 8-18

绘制完成结构标高为 5.980 的结构柱。查看结构图，标高 5.980 ～ 11.980 的结构柱位置相同，在项目浏览器中打开三维视图，选择需要复制标高 5.980 的结构柱，所选结构柱变成蓝色，在"剪贴板"面板中选择"复制到剪贴板"命令，再在"粘贴"下拉列表中选择"与选定的标高对齐"命令，如图 8-19 所示。

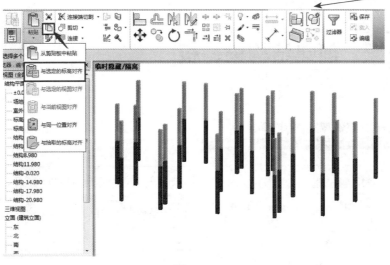

图 8-19

图 8-20

系统自动弹出"选择标高"对话框，选择结构标高 **8.980** 和 **11.980**，单击"确定"按钮完成操作，如图 8-20 所示。

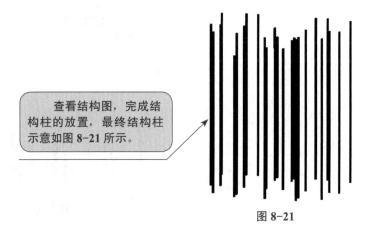

查看结构图，完成结构柱的放置，最终结构柱示意如图 **8-21** 所示。

图 8-21

8.3.4　柱对齐

由于 Revit 绘制柱时不会自动捕捉，所以绘制完成后如发现柱与底图并未对齐，可使用"修改"面板中的"对齐（AL）"命令将柱与底图对齐。

8.4　创建结构梁、板

8.4.1　创建结构梁

在项目浏览器中双击打开"结构 -0.020"视图，在"结构"选项卡的"结构"面板中选择"梁"命令，如图 **8-22** 所示。

图 8-22

图 8-23

在"属性"面板中单击"编辑类型"按钮，Revit 将自动弹出"类型属性"对话框，查看梁配筋图，在"族"下拉列表中选择"混凝土－矩形梁"类型，按照上述创建结构柱的方法复制创建结构梁的类型，如图 8-23 所示。

8.4.2 放置结构梁

按照已链接的 CAD 图纸放置结构梁，在"修改|放置 梁"状态下，在选项栏中选择"放置平面"选项，更改梁的标高为"结构 -0.020"，如图 8-24 所示，完成以上设置后用"绘制"面板中的"直线"命令沿 CAD 底图进行绘制，绘制完成后，单击鼠标右键选择"取消"命令或连按两次 Esc 键。

图 8-24

8.4.3 梁对齐

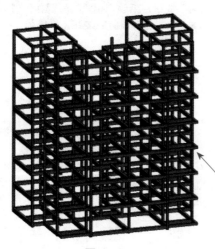

由于 Revit 绘制梁时不会自动捕捉，所以绘制完成后如发现梁与 CAD 底图并未对齐，可使用"修改"面板中的"对齐"（AL）命令将梁与 CAD 底图对齐。查看结构图纸完成其余楼层结构梁的放置，最终结构梁示意如图 8-25 所示。

图 8-25

8.4.4 创建结构板

在"结构"选项卡"结构"面板的"楼板"下拉列表中选择"楼板：结构"选项，系统将自动激活"修改|创建楼板边界"选项卡，如图8-26所示。

图 8-26

单击"属性"面板中的"编辑类型"按钮，Revit将弹出"类型属性"对话框，单击"复制"按钮，系统弹出"名称"对话框，在"名称"对话框中输入"混凝土楼板 100 mm"，单击"确定"按钮，如图8-27所示。

图 8-27

8.4.5 设置楼板材质

单击"属性类型"对话框中"结构"参数后的"编辑"按钮，系统弹出"编辑部件"对话框，在"厚度"栏中输入"100"，如图8-28所示。单击图8-28中箭头指向的按钮，系统弹出材质浏览器。

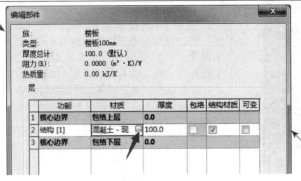

注意：查看建筑图纸，客厅楼板厚度为120 mm，需在"类型属性"对话框中单击"复制"按钮，在"名称"对话框中输入"混凝土楼板120 mm"，单击"结构"参数后的"编辑"按钮，在"厚度"栏中输入"120"。

图 8-28

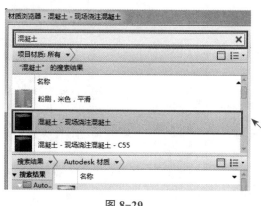

图 8-29

在材质浏览器中输入"混凝土"搜索，选择"混凝土 – 现场浇注混凝土"材质，如图 8-29 所示，单击"确定"按钮完成操作。

图 8-30

查看结构图纸，在"属性"面板中设置"标高"为"结构 -0.020"，设置"自标高的高度偏移"为"0"，如图 8-30 所示。

8.4.6　绘制结构板

在"修改 | 创建楼板边界"选项卡的"绘制"面板中选择"直线"命令，用"直线"工具拾取梁外围线，楼层边界必须为闭合环"轮廓"，并且不能相交或重叠。本层楼板分成 4 部分进行绘制，房间楼板如图 8-31 所示，"标高"为"结构 -0.020"，绘制完成后单击"✔"按钮完成。卫生间楼板如图 8-32 所示，"标高"为"结构 -0.020"，"自标高的高度偏移"为"-200"。

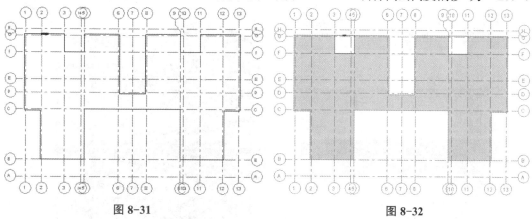

图 8-31　　　　　　　　　　　　　图 8-32

阳台楼板如图 8-33 所示，"标高"为"结构 -0.020"，"自标高的高度偏移"为"-50"。客厅楼板如图 8-34 所示，类型切换为"混凝土楼板 120 mm"，"标高"为"结构 -0.020"。

181

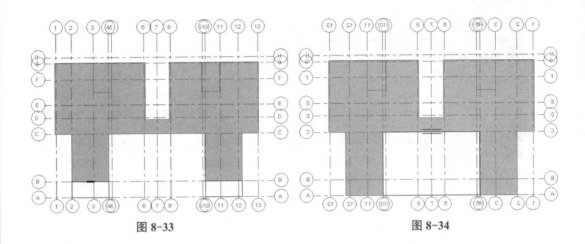

图 8-33 图 8-34

8.4.7 复制建筑板

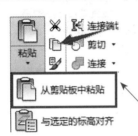

全选一层楼板，在"修改 | 楼板"选项卡的"剪贴板"面板中单击"复制到剪贴板"按钮，再在"粘贴"下拉列表中选择"与选定的标高对齐"命令，如图 8-35 所示。

图 8-35

系统弹出"选择标高"对话框，选择"结构 2.980""结构 14.980"标高，单击"确定"按钮，如图 8-36 所示。

查看建筑图，把剩余楼层楼板、天台及屋顶楼板绘制完成。最终楼板示意如图 8-37 所示。

图 8-36

图 8-37

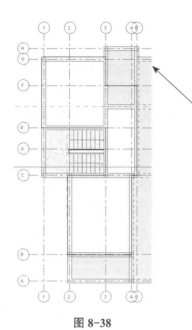

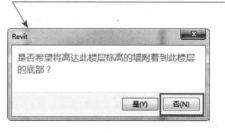

六层结构板楼梯位置预留洞口，以便楼梯绘制，如图 8-38 所示。

楼板绘制完成，单击"✔"按钮后，系统有时会自动弹出提示对话框，如图 8-39 所示，单击"否"按钮即可。

图 8-38   图 8-39

8.5 创建楼梯

8.5.1 新建楼层平面视图

在"视图"选项卡"创建"面板的"平面视图"下拉列表中选择"楼层平面"命令，如图 8-40 所示，系统将自动弹出"新建楼层平面"对话框。

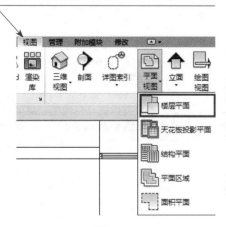

在"新建楼层平面"对话框中选择"3.000""室外地坪"标高，单击"确定"按钮，如图 8-41 所示。完成新建楼层平面后，打开项目浏览器中"楼层平面"中的"室外地坪"视图。

图 8-40   图 8-41

8.5.2 创建楼梯

在"建筑"选项卡"楼梯坡道"面板的"楼梯"下拉列表中选择"楼梯（按构件）"命令，单击"属性"面板中的"编辑类型"按钮，系统将弹出"类型属性"对话框。

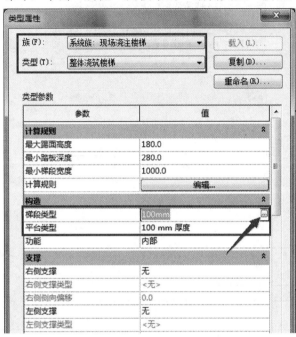

图 8-42

> 在"类型属性"对话框中，将"族"修改为"系统族：现场浇注楼梯"，将"类型"修改为"整体浇筑楼梯"，单击"构造"区域的类型参数"梯段类型"旁边按钮，系统将自动弹出梯段"类型属性"对话框，如图 8-42、图 8-43 所示。

> 如图 8-42 所示，单击"构造"区域的类型参数"平台类型"旁边的按钮，系统将自动弹出平台类型"类型属性"对话框。单击"复制"按钮，系数将自动弹出"名称"对话框，输入"100 mm 厚度"，修改"构造"区域的"梯段类型"为"100 mm"。单击"确定"按钮，完成平台类型的修改。

> 在梯段"类型属性"对话框中单击"复制"按钮，系统将弹出"名称"对话框，输入"100 mm"，并将"结构深度"修改为"100"，单击"确定"按钮，完成梯段类型的修改，如图 8-43 所示。

图 8-43

8.5.3 绘制楼梯

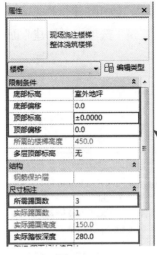

在"属性"面板中，设置楼梯的"底部标高"为"室外地坪"，"顶部标高"为"±0.000"，"所需踢面数"为"3"，"实际踏板深度"为"280"，如图 8-44 所示。

图 8-44

使用"参照平面"命令绘制辅助线定位楼梯位置。单击"修改|创建楼梯"选项卡中的"梯段"命令，如图 8-45 所示。

图 8-45

在"修改|创建楼梯"选项卡的选项栏中设置"定位线"为"梯段：左"，"实际梯段宽度"为"1150"，如图 8-46 所示。在楼梯方向将辅助线（小箭头位置）从上往下拉，如图 8-47 所示。系统将自动放置梯段，在绘制完成后单击"✔"按钮。

定位线： 梯段：左	▼	偏移量： 0.0	实际梯段宽度： 1150.0	☑ 自动平台

图 8-46

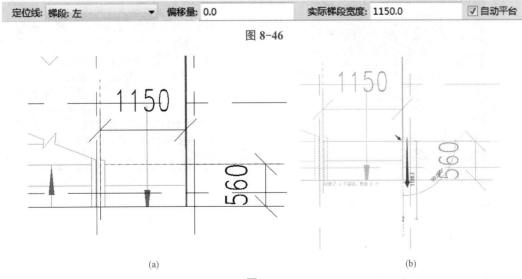

(a) (b)

图 8-47

8.5.4　绘制一层楼梯

切换至"±0.000"楼层平面，查看二层楼梯大样图，使用"建筑"选项卡"工作平面"面板中的"参照平面"命令辅助定位楼梯位置，在"建筑"选项卡"构建"面板的"楼梯"下拉列表中选择"楼梯（按构件）"命令。

在"属性"面板中设置楼梯的"底部标高"为"±0.000"，"顶部标高"为"3.000"，"所需踢面数"为"17"，"实际踏板深度"为"270"，如图 8-48 所示。

图 8-48

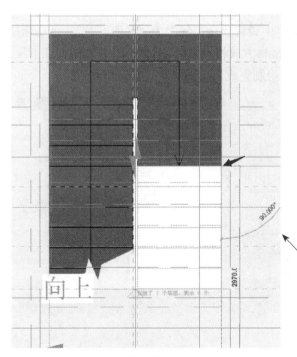

设置定位线为"梯段：左"，"实际梯段宽度"为"1150"，使用"修改|创建楼梯"选项卡"构件"面板中的"直梯"命令，沿绘制方向从下往上拉，绘制 10 个踢面后，单击完成左侧梯段的绘制，将鼠标移至楼梯大样图右侧梯段起步处（箭头所指位置），如图 8-49 所示，单击后平台自动生成。沿绘制方向从上往下拉绘制剩余梯段。绘制完成后单击"✔"按钮。

图 8-49

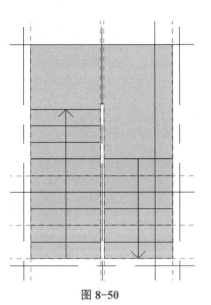

图 8-50

一层楼梯绘制完成，楼梯示意如图 8-50、图 8-51 所示。靠墙侧的楼梯栏杆应删除。

图 8-51

8.5.5　绘制二层楼梯

切换至"3.000"楼层平面，查看楼梯标准层平面图，在"建筑"选项卡"楼梯坡道"面板的"楼梯"下拉列表中选择"楼梯（按构件）"命令。在"属性"面板中设置楼梯的"底部标高"为"3.000"，"顶部标高"为"6.000"，"所需踢面数"为"18"，"实际踏板深度"为"280"，如图 8-52 所示。按照上述楼梯绘制方法绘制，绘制楼梯完成后如图 8-53 所示，靠墙侧的楼梯栏杆应删除。

图 8-52

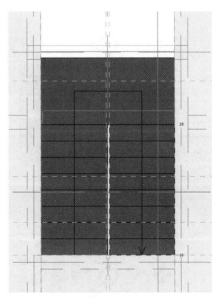

图 8-53

8.5.6 创建多层楼梯

图 8-54

查看楼梯标准层大样图，二层至五层楼梯结构一致，单击选中二层楼梯，在"属性"面板中单击"多层顶部标高"，选择"15.000"标高，单击"应用"按钮，即可创建多层楼梯，如图 8-54 所示。

查看楼层六层平面图，在"建筑"选项卡"楼梯坡道"面板的"楼梯"下拉列表中选择"楼梯（按构件）"命令。在"属性"面板中设置楼梯的"底部标高"为"15.000"，"顶部标高"为"18.000"，"所需踢面数"为"18"，"实际踏板深度"为"250"，如图 8-55 所示。

图 8-55

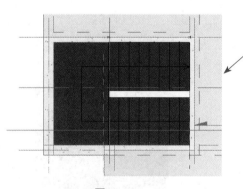

图 8-56

按照上述楼梯绘制方法绘制六层楼梯，楼梯绘制完成效果如图 8-56 所示，靠墙侧的楼梯栏杆应删除。查看建筑图纸，六层两侧楼梯相同，按 **Ctrl** 键，单击楼梯及栏杆扶手，选中六层楼梯栏杆扶手后单击"镜像 – 拾取轴"按钮，如图 8-57 所示，单击⑦号轴线，完成楼梯镜像操作。

图 8-57

8.6 创建建筑墙

8.6.1 创建墙体

图 8-58

在项目浏览器中打开"室外地坪"楼层平面。在"建筑"选项卡"构建"面板的"墙"下拉列表中选择"墙：建筑"命令，在"属性"面板中单击"编辑类型"按钮，系统将自动弹出"类型属性"对话框，单击"复制"按钮，系统将弹出"名称"对话框，输入"外墙"，单击"确定"按钮完成创建。单击"构造"区域"结构"旁边的"编辑"按钮，如图 8-58 所示。

8.6.2 设置墙体材质

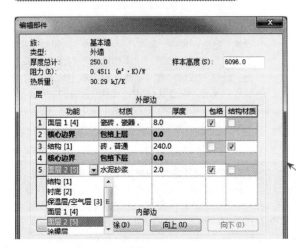

图 8-59

在"编辑部件"对话框中单击"插入"按钮，添加"层"，通过"向上""向下"命令移动"层"，在"厚度"栏中输入数值，在"功能"栏中设置 1 号"层"为"面层 1[4]"，单击"材质"栏中的按钮，系统将弹出材质浏览器，添加相应的材质，如图 8-59 所示。

第 1 章　第 2 章　第 3 章　第 4 章　第 5 章　第 6 章　第 7 章　第 8 章　第 9 章

8.6.3 绘制外墙

在"修改|放置 墙"选项卡的"绘制"面板中选择"直线"命令，并在选项栏中修改墙体高度为"±0.000"，如图 8-60 所示，查看 CAD 建筑图纸绘制外墙，绘制墙体时需按照顺时针顺序绘制，在转角处墙体会自动连接，绘制完成效果如图 8-61 所示。切换至其他楼层平面，按照上述绘制方法绘制其他楼层的外墙。

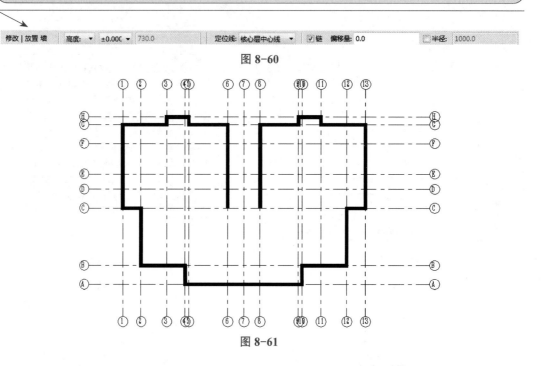

图 8-60

图 8-61

8.6.4 绘制内墙

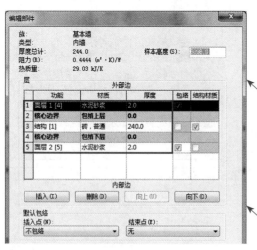

图 8-62

在"建筑"选项卡的"构建"面板中选择"墙:建筑"命令，单击"属性"面板中的"编辑类型"按钮，系统将自动弹出"类型属性"对话框，单击"复制"按钮，在"名称"对话框中输入"内墙"，单击"构造"区域中"结构"旁边的"编辑"按钮，在"编辑部件"对话框中赋予墙体材质，单击"确定"按钮完成操作，如图 8-62 所示。

查看建筑图，内墙厚度有两种，分别为"240 mm"及"120 mm"，在"类型属性"对话框中单击"复制"按钮，系统将自动弹出"名称"对话框，输入"内墙 120 mm"，单击"构造"区域中"结构"旁的"编辑"按钮，修改厚度为"120"，使用"直线"工具绘制内墙。

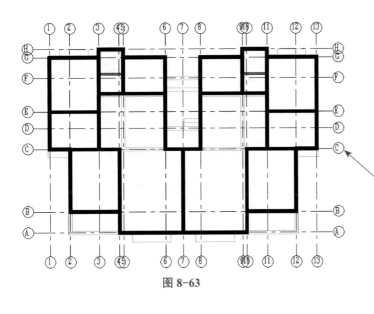

图 8-63

本层墙体绘制完成，如图 8-63 所示。切换至其他楼层平面，按照上述绘制方法绘制其他楼层的内墙。

8.6.5 绘制装饰墙

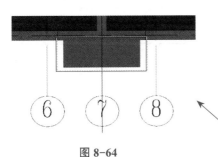

图 8-64

在"建筑"选项卡的"构建"面板中选择"墙：建筑"命令，单击"属性"面板中的"编辑类型"按钮，系统将自动弹出"类型属性"对话框，在"类型"选项中选择"外墙"类型，单击"复制"按钮，在"名称"对话框中输入"装饰墙"，单击"构造"区域中"结构"旁边的"编辑"按钮，修改"厚度"为"690"，查看建筑图纸，按照顺时针顺序绘制，长度为 1 320，绘制完成后使用"对齐（AL）"命令对齐外墙体，如图 8-64 所示。

8.6.6 编辑轮廓

图 8-65

图 8-66

切换至"南立面"视图，在"插入"选项卡的"链接"面板中选择"链接 CAD"命令，链接"13-1 立面图"图纸，使用"对齐（AL）"命令将图纸对齐标高轴网。选中"装饰墙"墙体，单击"编辑轮廓"按钮，如图 8-65 所示。使用"直线"命令绘制装饰墙轮廓，使用"修剪/延伸为角"命令使草图为闭合轮廓，如图 8-66 所示。

第 1 章　第 2 章　第 3 章　第 4 章　第 5 章　第 6 章　第 7 章　第 8 章　第 9 章

191

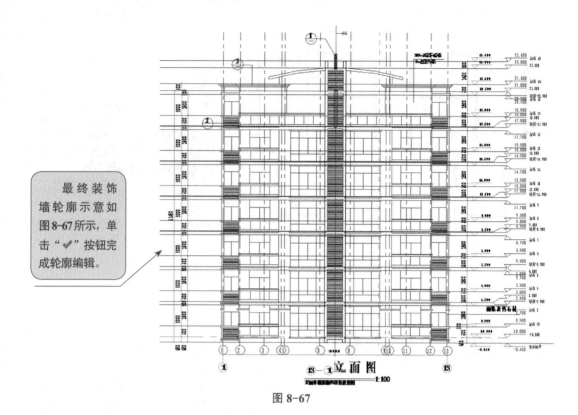

最终装饰墙轮廓示意如图8-67所示，单击"✔"按钮完成轮廓编辑。

图 8-67

8.7 创建建筑板

8.7.1 设置建筑板属性

在"建筑"选项卡"构建"面板的"楼板"下拉列表中选择"楼板：建筑"命令。在"属性"面板中单击"编辑类型"按钮，系统将自动弹出"类型属性"对话框，单击"复制"按钮，在"名称"对话框中输入"楼板-20 mm"，单击"确定"按钮，单击"构造"区域中"结构"旁边的"编辑"按钮，如图8-68所示。

图 8-68

8.7.2 设置楼板材质

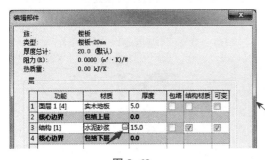

图 8-69

在弹出的"编辑部件"对话框中单击"插入"按钮,添加"层",在"厚度"栏中输入数值,在"功能"栏中设置 1 号"层"为"面层 1[4]",对结构层勾选"可变"选项,如图 8-69 所示。单击"材质"中的按钮,系统将自动弹出材质浏览器。

在材质浏览器中输入"水泥砂浆"进行搜索,选择"水泥砂浆"材质,如图 8-70 所示,单击"确定"按钮完成操作。

图 8-70

8.7.3 绘制建筑板

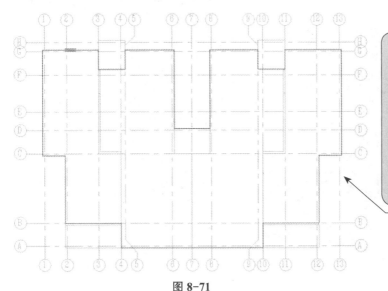

图 8-71

切换至"±0.000"楼层平面。在"修改 | 创建楼板边界"选项卡的"绘制"面板中选择"直线"命令,楼层边界必须为闭合轮廓,并且不能相交或重叠。在"属性"面板中设置房间与客厅楼板标高为"±0.000",如图 8-71 所示。单击"✔"按钮完成操作。

第1章 第2章 第3章 第4章 第5章 第6章 第7章 第8章 第9章

卫生间楼板如图 8-72 所示，在"属性"面板中设置"标高"为"±0.000"，"自标高的高度偏移"为"-200"。

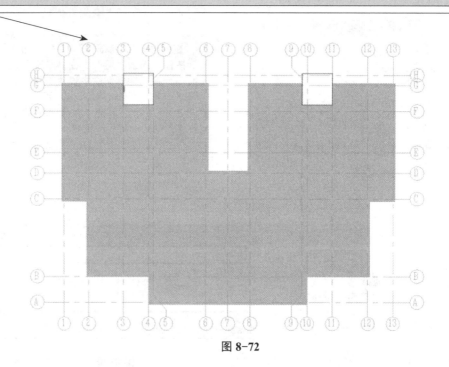

图 8-72

　　阳台楼板如图 8-73 所示，在"属性"面板中设置"标高"为"±0.000"，"自标高的高度偏移"为"-50"。

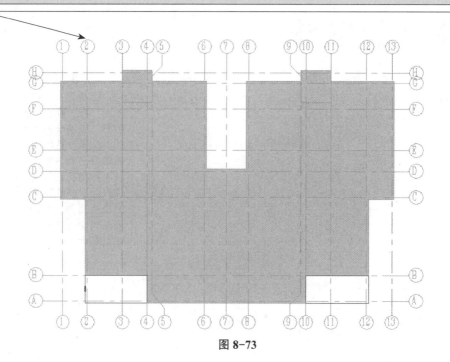

图 8-73

8.7.4　修改子图元

图 8-74

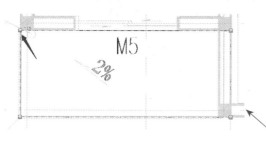

查看建筑图纸，阳台楼板需进行放坡，选中阳台楼板，在"修改｜楼板"选项卡中选择"修改子图元"命令，如图 8-74 所示。单击②～④轴阳台楼板，选择左上角子图元点边上的数字，输入"-15"，如图 8-75 所示。在⑩～⑫轴阳台楼板上单击右上角子图元点，输入"-15"。

图 8-75

8.7.5　复制建筑板

全选一层楼板，在"修改｜楼板"选项卡的"剪贴板"面板中选择"复制到剪贴板"命令，在"粘贴"下拉列表中选择"与选定的标高对齐"命令，如图 8-76 所示。

图 8-76

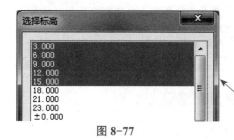

系统将自动弹出"选择标高"对话框，选择"3.000"～"15.000"标高，单击"确定"按钮完成操作，如图 8-77 所示。查看建筑图纸，把剩余楼层楼板、天台及屋顶楼板绘制完成。

图 8-77

8.7.6　定义天台楼板坡度

查看建筑图纸，绘制剩余楼板，在"18.000"楼层平面绘制时注意天台楼板和室内楼板分开绘制，绘制完成后，单击天台楼板，在"修改｜楼板"选项卡中选择"修改子图元"命令，如图 8-78 所示。

图 8-78

195

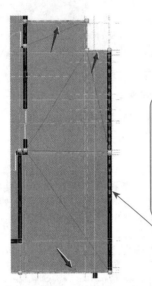

图 8-79

根据箭头所指边线，分别输入数值"-15"，如图 8-79 所示。按 Esc 键完成操作。选中此楼板，系统将激活"修改 | 楼板"选项卡，在"修改 | 楼板"选项卡中选择"镜像 – 拾取轴"命令，单击⑦号轴线，镜像楼板操作完成。

8.7.7 定义楼顶坡度

图 8-80

绘制楼顶时使用楼板绘制，草图绘制完成后，在"修改 | 创建楼层边界"选项卡中选择"坡度箭头"命令，如图 8-80 所示。

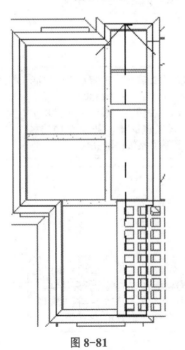

图 8-81

单击下边界线，将鼠标移至上边界线，单击鼠标，如图 8-81 所示。在"属性"面板中设置限制条件及尺寸标注，如图 8-82 所示。

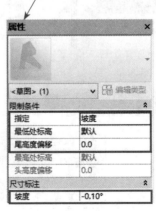

图 8-82

8.7.8 创建窗台飘板

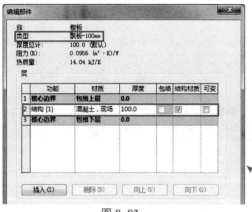

图 8-83

在项目浏览器中双击打开"±0.000"楼层平面，在"建筑"选项卡"构建"面板的"楼板"下拉列表中选择"楼板：建筑"命令。在"属性"面板中单击"编辑类型"按钮，系统将自动弹出"类型属性"对话框，单击"复制"按钮，系统将自动弹出"名称"对话框，输入"飘板-100 mm"，单击"构造"区域中"结构"旁边的"编辑"按钮，在"编辑部件"对话框中单击结构材质按钮，进入材质浏览器中设置混凝土材质，如图 8-83 所示。

8.7.9 绘制窗台飘板

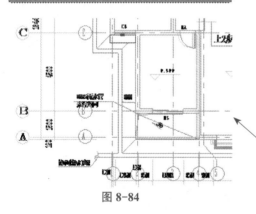

图 8-84

查看建筑图，在"修改|创建楼层边界"选项卡中选择"直线"命令绘制窗台飘板边界草图线，草图必须为闭合轮廓，如图 8-84 所示。在"属性"面板中设置"标高"为"±0.000"，"自标高的高度偏移"为"900"。

8.7.10 复制窗台飘板

切换至"南立面"视图，在"插入的"选项卡"链接"面板中选择"链接 CAD"命令，链接"⑬-① 立面图"，使用"对齐"命令（AL）使图纸对齐标高。单击绘制完成的窗台飘板，在"修改|楼板"选项卡中选择"复制"命令，在选项栏中勾选"约束""多个"选项，如图 8-85 所示。按照"⑬-① 立面图"，复制窗台飘板至相应区域，如图 8-86 所示。

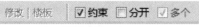

图 8-85

图 8-86

8.8 放置门、窗及栏杆

8.8.1 放置门

图 8-87

> 在项目浏览器中双击打开"±0.000"楼层平面,在"建筑"选项卡的"构建"面板中选择"门"命令,如图 8-87 所示。

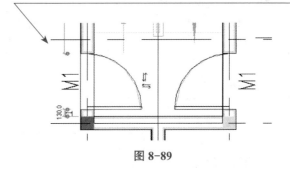

图 8-88

> 在"属性"面板中单击"M1"门类型,在"限制条件"区域将"底高度"改为"0",如图 8-88 所示。

> 将鼠标移至建筑图纸对应位置,放置时通过空格键调整开门方向,单击鼠标放置,可使用"对齐"命令(AL)使门与图纸对齐,放置完成效果如图 8-89 所示。

图 8-89

8.8.2 复制门

图 8-90

> 一层门放置完成后,单击鼠标并按 Ctrl 键选中一层门,在"修改 | 门"选项卡中选择"复制到剪贴板"命令,在"粘贴"下拉列表中选择"与选定的标高对齐"命令,如图 8-90 所示。

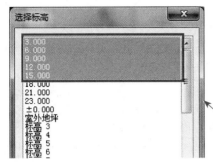

图 8-91

系统将自动弹出"选择标高"
对话框，选择"3.000"～"15.000"
标高，单击"确定"按钮完成操作，
如图 8-91 所示。查看建筑图纸，放
置所有门族。

8.8.3 放置窗

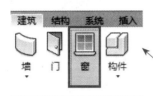

图 8-92

在"建筑"选项卡的"构建"
面板中选择"窗"命令，如图 8-92
所示。

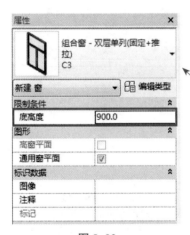

图 8-93

在"属性"面板中选择"C3"门类型，在"限制条件"
区域中设置"底高度"为"900"，如图 8-93 所示。将鼠
标移至建筑图对应位置，单击鼠标放置，可使用"对齐"
命令（AL）使窗与图纸对齐，放置完成效果如图 8-94 所示。

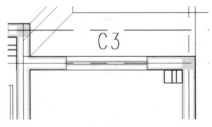

图 8-94

8.8.4 复制窗

图 8-95

一层窗放置完成后，单击鼠标并按 Ctrl
键选中一层窗，在"修改|窗"选项卡中选择"复
制到剪贴板"命令，在"粘贴"下拉列表中选
择"与选定的标高对齐"命令，如图 8-95 所示。

199

图 8-96

系统将自动弹出"选择标高"对话框，选择"3.000"～"15.000"标高，单击"确定"按钮完成操作，如图 8-96 所示。查看建筑图纸，放置所有窗族。

8.8.5 放置百叶窗

切换至"南立面"视图，在"建筑"选项卡的"构建"面板中选择"窗"命令。

图 8-97

在"属性"面板中选择"百叶窗 1 320* 2 800 mm"窗类型，如图 8-97 所示。将鼠标移至底图对应位置，单击鼠标放置百叶窗，使用"对齐"命令（AL）使百叶窗对齐图纸。放置顶部百叶窗时使用"百叶窗 1 320*1 800 mm"窗类型。

8.8.6 绘制阳台栏杆

图 8-98

在项目浏览器中双击打开"±0.000"楼层平面，在"建筑"选项卡的"楼楼坡道"面板中选择"栏杆扶手"命令，选择"绘制路径"命令。在"属性"面板中选择"玻璃栏杆"类型，"底部标高"选择"±0.000"，如图 8-98 所示。

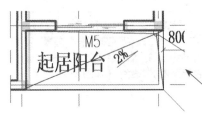

图 8-99

在"修改 | 创建栏杆扶手路径"选项卡中选择"直线"命令。在阳台楼板边界绘制栏杆扶手路径，如图 8-99 所示。

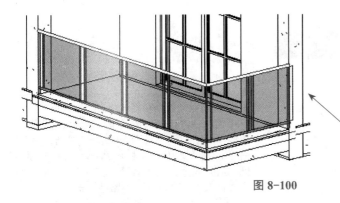

路径绘制完成后单击"✔"按钮阳台栏杆扶手示意图如 8-100 所示。

图 8-100

8.8.7 复制阳台栏杆

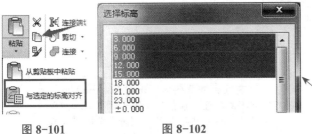

单击栏杆扶手，按 Ctrl 键选中一层栏杆扶手，在"修改|栏杆扶手"选项卡中单击"复制到剪贴板"按钮，在"粘贴"下拉列表中选择"与选定的标高对齐"命令，如图 8-101 所示。系统将自动弹出"选择标高"对话框，选择"3.000"～"15.000"标高，单击"确定"按钮完成操作，如图 8-102 所示。

图 8-101   图 8-102

8.8.8 绘制天台栏杆扶手

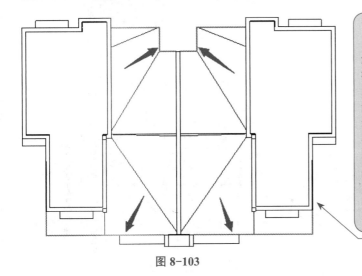

在项目浏览器中双击打开"18.000"楼层平面，在"建筑"选项卡"楼梯坡道"面板的"栏杆扶手"下拉列表中选择"绘制路径"命令。在"属性"面板中选择"玻璃栏杆"类型，"底部标高"选择"18.000"。在"修改|创建栏杆扶手路径"选项卡中选择"直线"命令。天台栏杆扶手需分成 4 部分进行绘制，在天台楼板边界绘制栏杆扶手路径，如图 8-103 所示。路径绘制完成后单击"✔"按钮。

图 8-103

8.8.9 绘制楼梯扶手栏杆

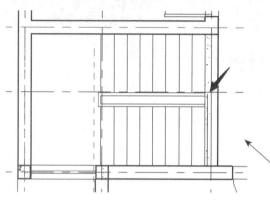

在项目浏览器中双击打开"18.000"楼层平面，在"建筑"选项卡"楼梯坡道"面板的"栏杆扶手"下拉列表中选择"绘制路径"命令。在"属性"面板中选择"栏杆扶手900 mm"类型，"底部标高"选择"18.000"。在"修改 | 创建栏杆扶手路径"选项卡中选择"直线"命令，绘制补全楼梯栏杆扶手，单击"✔"按钮完成绘制，如图8-104所示。

图 8-104

8.8.10 绘制外墙空调百叶

图 8-105

在项目浏览器中双击打开"±0.000"楼层平面，在"建筑"选项卡"楼梯坡道"面板的"栏杆扶手"下拉列表中选择"绘制路径"命令，在"属性"面板中选择"空调百叶"类型，"底部标高"选择"±0.000"，"底部偏移"选择"-410"，如图8-105所示。

在"修改 | 创建栏杆扶手路径"选项卡中选择"直线"命令，绘制底层的空调百叶，如图8-106所示。

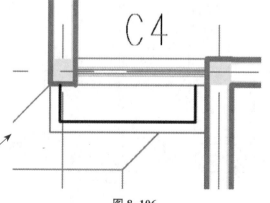

图 8-106

8.8.11　复制外墙空调百叶

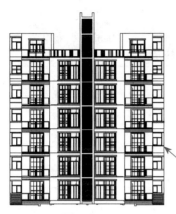

图 8-107

切换至"南立面"视图，把绘制完成的"空调百叶"窗族使用"复制"命令复制至右侧，如图 8-107 所示。单击并按 Ctrl 键选中底层两个"空调百叶"窗族，选择"复制"命令，在选项栏中勾选"约束""多个"选项，按照底图放置空调百叶。

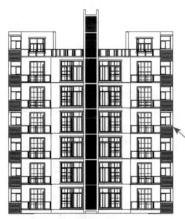

图 8-108

放置空调百叶完成效果如图 8-108 所示。

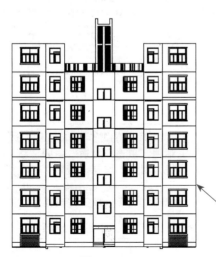

图 8-109

重复上述绘制空调百叶操作，查看建筑图纸，绘制北立面两个空调百叶，切换至"北立面"视图，单击并按 Ctrl 键选中底层两个"空调百叶"窗族，如图 8-109 所示。选择"复制"命令，在选项栏中勾选"约束""多个"选项，按照底图放置空调百叶。

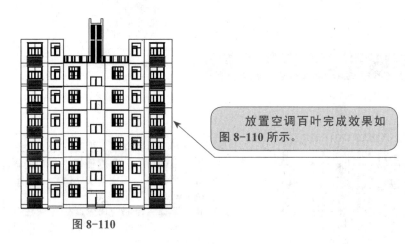

放置空调百叶完成效果如图 8-110 所示。

图 8-110

8.9 创建屋顶

8.9.1 创建拉伸屋顶

切换至"南立面"视图，在"建筑"选项卡"构建"面板的"屋顶"下拉列表中选择"拉伸屋顶"命令，如图 8-111 所示，系统将弹出"屋顶参照标高和偏移"对话框，选择"23.000"标高。

图 8-111　　　　图 8-112

在"属性"面板中单击"编辑类型"按钮，系统将自动弹出"类型属性"对话框，单击"复制"按钮，系统将自动弹出"名称"对话框，输入"屋顶-200 mm"，单击"确定"按钮完成操作，如图 8-112 所示。单击"构造"区域中"结构"旁边的"编辑"按钮。

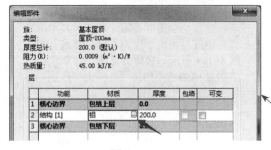

图 8-113

系统将弹出"编辑部件"对话框，单击"材质"中的按钮，进入材质浏览器，搜索"铝"材质，在"厚度"栏中输入"200"，单击"确定"按钮完成操作，如图 8-113 所示。

8.9.2　绘制拉伸屋顶

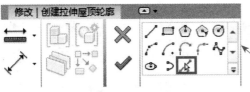

在"修改|创建拉伸屋顶轮廓"选项卡的"绘制"面板中选择"拾取线"命令，如图 8-114 所示。

图 8-114

如图 8-115 所示，拾取图纸中屋顶的上边线，单击草图，将草图右侧线端点拉拽至屋顶右侧。

完整草图如图 8-116 所示，单击鼠标完成绘制。

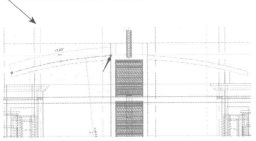

图 8-115

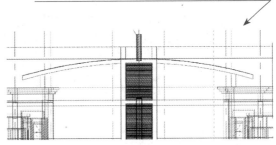

图 8-116

8.9.3　编辑拉伸屋顶

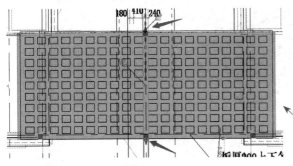

图 8-117

在项目浏览器中双击打开"23.000"楼层平面，导入屋顶平面图，使用"对齐"命令（AL）使图纸轴线对齐 Rviet 轴线，通过操控三角箭头控制拉伸屋顶尺寸对齐底图，如图 8-117 所示。

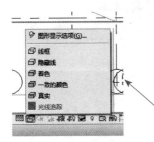

在状态栏"视图样式"列表中选择"线框"模式，如图 8-118 所示。

图 8-118

第 1 章　第 2 章　第 3 章　第 4 章　第 5 章　第 6 章　第 7 章　第 8 章　第 9 章

8.9.4 创建垂直

单击拉伸屋顶，在"修改 | 屋顶"选项卡中选择"垂直"命令，如图 8-119 所示。在"修改 | 编辑轮廓"选项卡中选择"矩形"命令进行绘制，如图 8-120 所示。

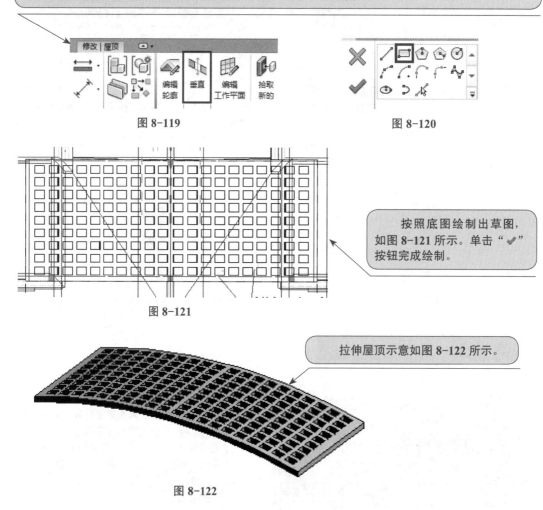

图 8-119   图 8-120

图 8-121

按照底图绘制出草图，如图 8-121 所示。单击"✔"按钮完成绘制。

拉伸屋顶示意如图 8-122 所示。

图 8-122

8.10 创建墙饰条及放置构件

8.10.1 放置墙饰条

切换至三维视图，在"建筑"选项卡"构建"面板的"墙"下拉列表中选择"墙：饰条"命令。

在"属性"面板中选择"散水"类型，如图 8-123 所示。

图 8-123

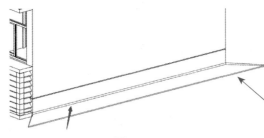

选择"散水"类型后，将鼠标移至室外地坪墙体底部边缘，单击鼠标以放置墙饰条，如图 8-124 所示。墙饰条的线段在角部相遇，会互相斜接。

图 8-124

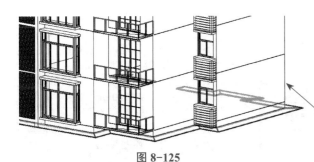

查看建筑图纸，重复上述放置散水操作完成墙饰条的放置，最终散水示意如图 8-125 所示。

图 8-125

8.10.2　放置女儿墙压顶

切换至三维视图，在"建筑"选项卡"构建"面板的"墙"下拉列表中选择"墙：饰条"命令，在"属性"面板中选择"女儿墙压顶"类型。

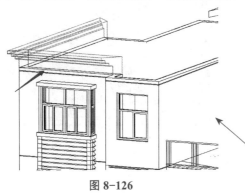

将鼠标移动至墙体顶部边缘，单击鼠标以放置墙饰条，墙饰条的线段在角部相遇，会互相斜接，如图 8-126 所示。

图 8-126

图 8-127

按照上述放置女儿墙压顶的方法操作，最终女儿墙压顶示意如图 8-127 所示。

8.10.3 放置柱

在项目浏览器中双击打开"23.000"楼层平面，在"建筑"选项卡的"柱"下拉列表中选择"柱：建筑"命令。

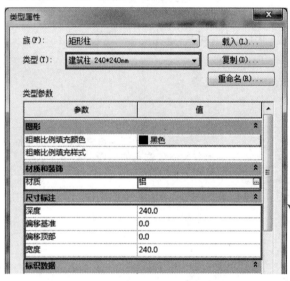

图 8-128

在"属性"面板中单击"编辑类型"按钮，系统将自动弹出"类型属性"对话框，单击"复制"按钮，系统将自动弹出"名称"对话框，输入"建筑柱 240*240 mm"在"深度""宽度"栏中输入"240"。单击"材质"中的按钮，在材质浏览器中选择"铝"材质，如图 8-128 所示。

图 8-129

在"属性"面板中设置限制条件，"底部标高"为"21.000"，"底部偏移"为"600"，"顶部标高"为"21.000"，"顶部偏移"为"1 320"，如图 8-129 所示。

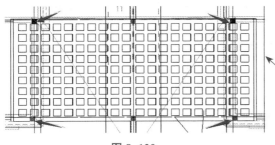

按照底图放置柱，如图 8-130 所示。

图 8-130

8.10.4 放置构件

图 8-131

在"建筑"选项卡"构建"面板的"构件"下拉列表中选择"放置构件"命令，在"属性"面板中选择"镀锌钢管避雷针"类型，在"限制条件"区域设置"标高"为"23.000"，如图 8-131 所示。

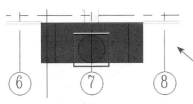

图 8-132

在项目浏览器中双击打开"23.000"楼层平面，放置在装饰墙顶部，如图 8-132 所示。

图 8-133

模型已绘制完成，三维示意如图 8-133 所示。

8.11 创建图纸

8.11.1 隐藏 CAD 底图

切换至"±0.000"平面视图，先把 CAD 底图隐藏。

在"视图"选项卡的"图形"面板中选择"可见性/图形"命令，在弹出的"楼层平面：±0.000 的可见性/图形替换"对话框中，单击"导入的类别"选项卡，在"可见性"栏下取消勾选"一层平面图 .dwg"复选框，如图 8-134 所示，单击"确定"按钮返回绘图区域。

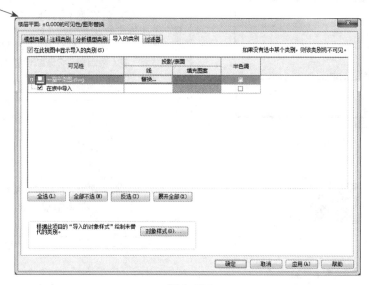

图 8-134

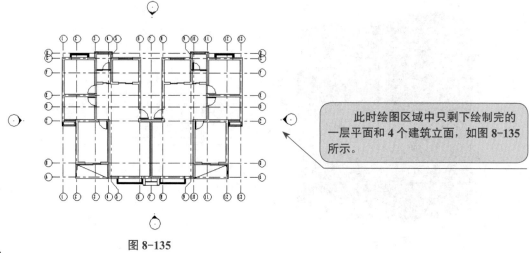

此时绘图区域中只剩下绘制完的一层平面和 4 个建筑立面，如图 8-135 所示。

图 8-135

8.11.2 创建图纸

在"视图"选项卡的"图纸组合"面板中选择"图纸"命令，如图 8-136 所示。

图 8-136

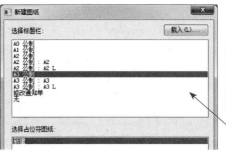

图 8-137

系统将自动弹出"新建图纸"对话框，在"选择标题栏"框中选择"A3公制"选项，单击"确定"按钮，如图 8-137 所示。

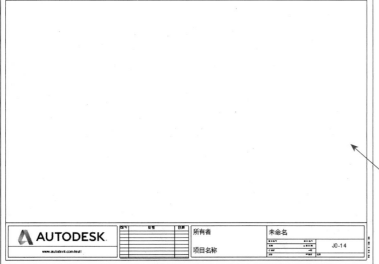

图 8-138

此时 Revit 将新建出一个 A3 的图框，并且跳到新建的图框界面，如图 8-138 所示（该图框是由 Revit 提供的，若不想使用该图框，可以自行创建图框族）。

图 8-139

在项目浏览器中选择"图纸（全部）"中新建的图纸，如图 8-139 所示。

用鼠标右键单击图纸名称，在弹出的快捷菜单中选择"重命名"命令，在弹出的"图纸标题"对话框中进行重命名，如图 8-140 所示。

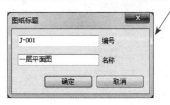

图 8-140

第1章 第2章 第3章 第4章 第5章 第6章 第7章 第8章 第9章

8.11.3　创建平面图

在图纸视图中单击鼠标，将项目浏览器中的"±0.000"平面视图拖拽进图框即可，如图 8-141 所示。

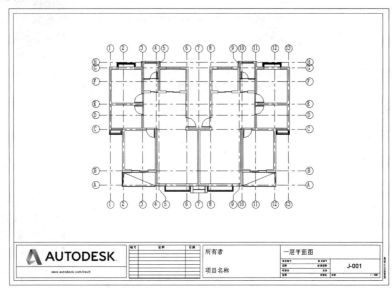

图 8-141

8.11.4　导出图纸

单击"应用程序菜单"按钮，将鼠标移动至"导出"选项，在弹出的列表中选择"CAD 格式"选项，在弹出的列表中选择"DWG"选项，如图 8-142 所示。

图 8-142

在弹出的"DWG 导出"对话框中不作任何设置，单击"下一步"按钮，系统将自动弹出"导出 CAD 格式—保存到目标文件夹"对话框，把文件名改为"一层平面图"并保存到"Revit 案例四"文件夹中，如图 8-143 所示。

图 8-143

第1章 第2章 第3章 第4章 第5章 第6章 第7章 第8章 第9章

第 9 章

Revit 案例训练

9.1　绘制墙体

如图 9-1 所示，新建项目文件，创建轴网、墙类型并设置墙材质，将其命名为"练习-外墙"及"练习-内墙"，以 4m 为墙高，外墙定位线以"面层面：内部"为基准，门对位置不作精确要求，参考图中取适当位置即可。最终以"练习-墙体"为文件名保存。

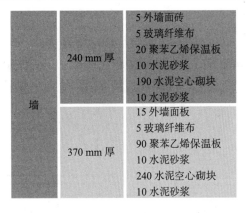

墙	240 mm 厚	5 外墙面砖 5 玻璃纤维布 20 聚苯乙烯保温板 10 水泥砂浆 190 水泥空心砌块 10 水泥砂浆
	370 mm 厚	15 外墙面板 5 玻璃纤维布 90 聚苯乙烯保温板 10 水泥砂浆 240 水泥空心砌块 10 水泥砂浆

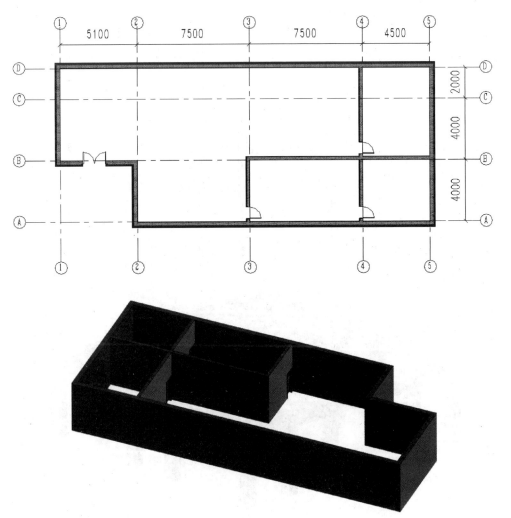

图 9-1

9.2　绘制梁柱

如图 9-2 所示，新建项目文件，创建轴网、结构柱及结构梁，Z1 尺寸为 400 mm×400 mm，底部标高为 ±0.000，顶部标高为 3.000 m，L1 尺寸为 400 mm×500 mm，梁顶部标高为 3.000 m。最终以"练习 – 梁柱"为文件名保存。

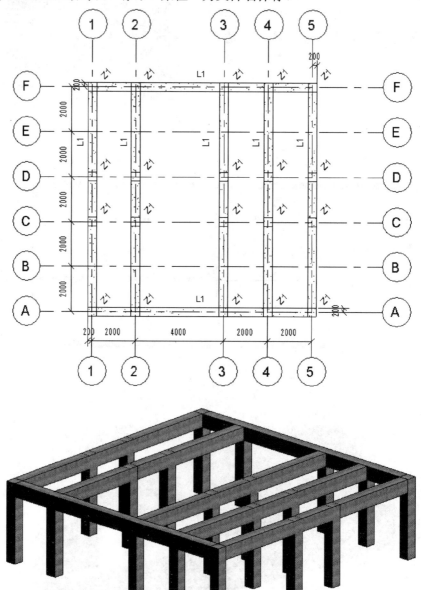

图 9-2

9.3 | 绘制楼板

如图 9-3 所示，新建项目文件，创建楼板，板厚为 150 mm，顶部所在标高为 ±0.000，楼板底部保持平整，上部进行放坡，最终以"练习 – 楼板"为文件名保存。

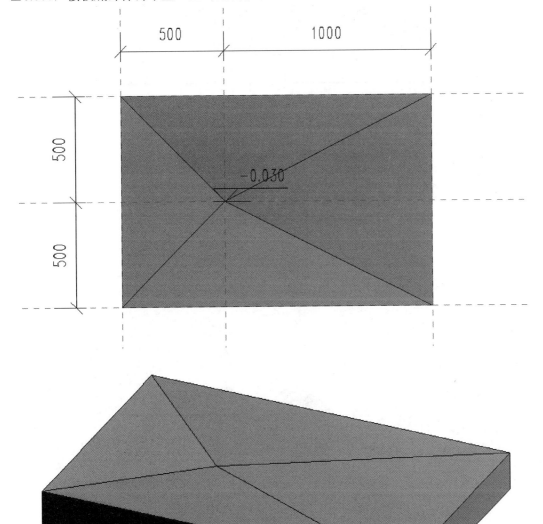

图 9-3

9.4 绘制屋顶

如图 9-4 所示，新建项目文件，创建屋顶，厚度为 125 mm，屋顶坡度为 30°，底部所在标高为 4.000 m，最终以"练习－屋顶"为文件名保存。

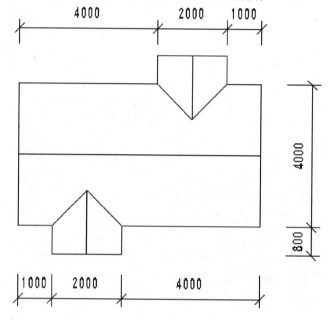

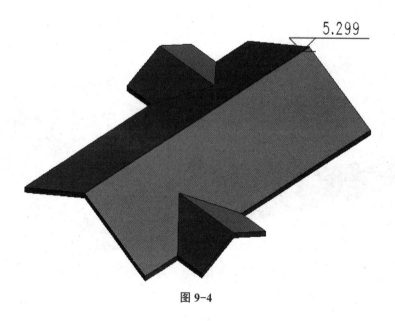

图 9-4

9.5　绘制栏杆扶手

　　如图 9-5 所示，新建项目文件，创建栏杆扶手，顶部扶手高度为 900 mm，类型为"圆形 –40 mm"；底部扶栏高度为 150 mm，类型为"圆形扶手：40 mm"；其余栏杆类型为"圆形：25 mm"，嵌板玻璃类型为"800 mm"，最终以"练习 – 栏杆扶手"为文件名保存。

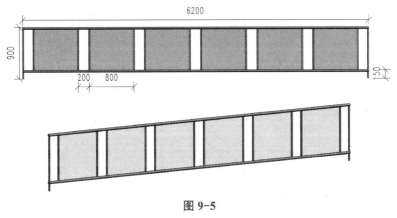

图 9-5

9.6　绘制楼梯

　　如图 9-6 所示，新建项目文件，创建楼梯，实际踏板深度为 280 mm，实际踢面高度为 200 mm，最终以"练习 – 楼梯"为文件名保存。

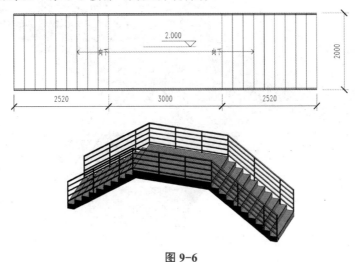

图 9-6

9.7 绘制平行双分楼梯

按照图 9-7 所示的平行双分楼梯平面图及三维图创建楼梯模型，其中楼梯高度为 4 m，所需梯面数为 24，其他建模所需尺寸参考图纸自定义。

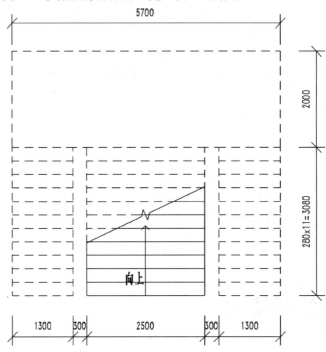

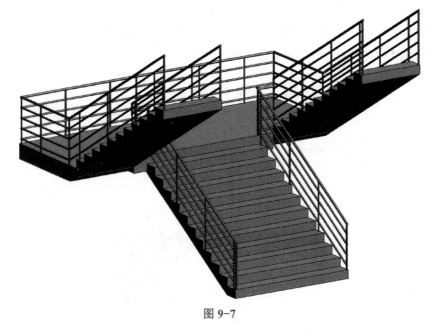

图 9-7

220

9.8 绘制异型多坡屋顶

按照图 9-8 所示的屋顶图纸创建屋顶模型，屋顶厚度为 125 mm，屋顶坡度为 30°，其他建模所需尺寸参考图纸自定义。

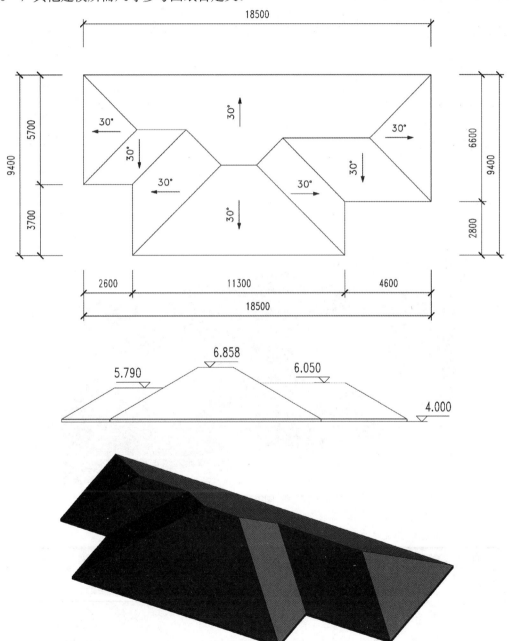

图 9-8

9.9　绘制圆形开孔墙

参照图 9-9 所示的墙立面图及三维图，创建圆形开孔墙模型，墙体高度为 4 m，墙体厚度为 200 mm，其他建模所需尺寸参考图纸自定义。

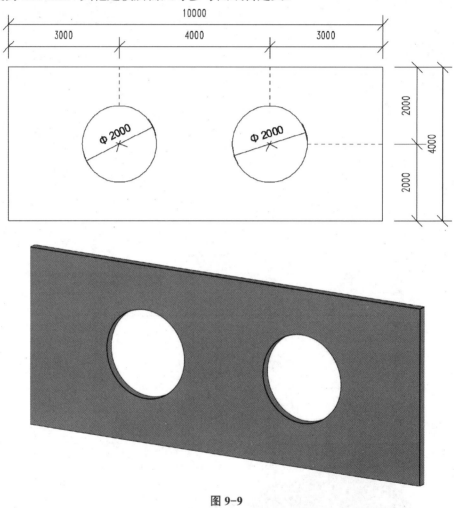

图 9-9

9.10　绘制弧形楼梯

按照图 9-10 所示的弧形楼梯平面图及三维图，创建弧形楼梯模型，楼梯高度为 3.5 m，楼梯宽度为 1 000 mm，所需踢面数为 21，其他建模所需尺寸参考图纸自定义。

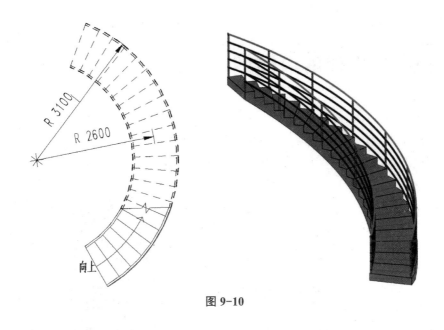

图 9-10

9.11 绘制台阶坡道

按照图 9-11 所示的台阶坡道平面图及三维图创建台阶坡道模型，台阶坡道底部标高为 ±0.000，高度为 500 mm，其他建模所需尺寸参考图纸自定义。

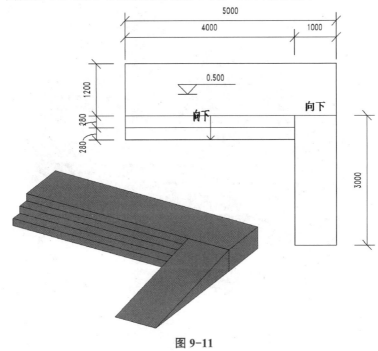

图 9-11

9.12 绘制项目模型

参照本书 3.3 节"综合练习"（图 3-48、图 3-49）给出的图纸，绘制 Revit 模型，参考模型如图 9-12 所示，图中未注明尺寸处可自定义。

〔三维〕

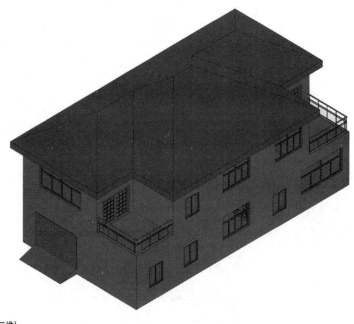

〔三维〕

图 9-12

参 考 文 献

［1］邓兴龙. BIM 技术 IIRevit 建筑设计应用基础［M］. 广州：华南理工大学出版社，
2016.

［2］Autodesk Asia Pte Ltd . Autodesk Revit MEP 2012：应用宝典［M］. 上海：同济大学
出版社，2012.

［3］柏慕工程咨询，秦军，王延熙 . Autodesk Revit Architecture 2008 实战全攻略［M］.
北京：化学工业出版社，2008.

［4］晏孝才 . AutoCAD 工程绘图［M］. 北京：中国电力出版社，2008.